Jul.

胜算

刘润 著

用概率思维
提高胜算

民主与建设出版社
·北京·

能把复杂问题简单化,才是一流大智慧。

序言
PREFACE

什么叫"人生算法"？

就是把同样公平的机会，放在很多人面前，不同的人生算法，会导致全然不同的选择。

比如现在有两个按钮，按下红色按钮，你可以直接拿走100万美元；按下蓝色按钮，有一半机会，你可以拿到1亿美元，但还有一半机会，你什么都拿不到。

你会选哪一个？

是按红色按钮，直接拿走100万美元，落袋为安呢，还是赌一下，按蓝色按钮，万一拿到1亿美元，人生的小目标不就实现了吗？

可是，万一什么都没拿到怎么办？还不如按红色按钮，虽然比1亿美元少很多，但最差也有100万美元吧。

这就是我们在《5分钟商学院》第2季第6课讲过的"确定效应"。

"二鸟在林，不如一鸟在手"，大部分人不愿为了看似更大的收益冒风险，他们更喜欢虽然小一点儿但是确定的收益。

"确定效应"就是他们的"人生算法"。

但是,其实这道选择题,是有唯一正确答案的。

如果你学过《5分钟商学院》第1季的"决策树",你就会知道,蓝色按钮的"期望值"更大(期望值为5000万美元),是最理性的选择。

"决策树",就是你的"人生算法"。

可是,即便蓝色按钮是最正确、最理性的选择,我还是有一半可能什么都拿不到啊,怎么办?

有没有一种办法,让我能确定地获得比100万美元更大的收益,增加我"赢"的概率呢?

当然有。

我们在"确定效应"那课中讲过,你可以去找一个投资人,把这个项目以低于"期望值"5000万美元的价格卖给他。

比如2000万美元,你落袋为安,获得了确定的2000万美元,而他,获得了5000万美元期望收益 - 2000万美元成本 = 3000万美元的期望利润。

这就是基于"概率思维"的另一种"人生算法"。

不同的"人生算法",带来不同的选择,从而获得完全不同的人生。

而"概率思维"就是很多成功人士最基础的"人生算法",今天我们就来讲一讲,到底什么是"概率思维"。

曾经,我在微软GTEC 20周年的聚会上,访谈了原子创投的创始人冯一名,他成功投资了途虎养车网等众多独角兽巨头。

访谈中,他提出一个令人印象深刻的观点,"大家要有一个清醒的认识,创业成功非常重要的因素之一,就是运气"。

这听起来非常不正确,因为大多数人更愿意听到,创业是要靠努力、靠勤奋。

什么是运气?

运气就是概率,只不过加了一点儿感情色彩。

对我们有利的概率,称为运气;对我们不利的概率,称为倒霉。

所谓创业靠运气,去掉感情色彩,就是:创业成功非常重要的因素之一,就是概率。

我过去也分享过这个观点:就算你在创业路上,尽了一切努力,做对了所有事情,依然有95%是要靠运气,也就是概率的。

这句话听上去很令人泄气,但这可能就是一个自然规律。

只有理解这个规律,你才会做出正确的选择,形成概率思维。

在今天这个急速变化的时代,概率思维是非常重要的一种思维模式。

从创业的第一天开始,你每天甚至每小时都面临大大小小无数的决策,有些决策你觉得很重大,有些你觉得微不足道。

但是你觉得重大的决策,未必真的重大,可能只是让你觉得很痛而已。

就像我们在《5分钟商学院》第1季里讲过的"幸存者偏见",

机翼上的弹孔让你很疼,但是你飞回来了,于是觉得自己很了不起。

而轻轻蹭过座舱和尾部的子弹,一旦击中就机毁人亡的部分,却没能引起你的关注。

你认为你成功,是因为努力扛住了机翼上的弹孔,但可能真正的原因,只是子弹"碰巧"没打中飞行员,或者油箱。

为什么会这样?

因为我们大多数的决策,都是"不完全信息决策"。

如果确定选 A 就能赚五块钱,选 B 就赚不到钱,我们肯定会选 A。

这种掌握了全部信息的决策,是完全信息决策。

而现实是选 A 选 B 具体赚多少钱,并没有准确的数据,A 和 B 之外有没有别的选项也不清楚。

在不完全信息决策的情况下,不是靠你的聪明才智或者努力,就一定能有正确决策的。

你再聪明再努力,都有可能是错的。这个"可能性",这个失败的"概率",来自信息的不完全。

如果选 A 选 B 都有 50% 的概率会赌错,就相当于你抛了一枚硬币,你猜中是正面,就继续往下走一步,若是反面,就结束了。

这不是聪明才智的问题,这是信息不完全带来的"概率问题"。

假如你能走到下一步,又面临新的决策,决策信息永远是不完整的,选 A 有 50% 的可能性赚 100 块钱,选 B 有 30% 的可能性赚 50 块钱。

选 A 还是选 B 呢？

学过《5 分钟商学院》中"概率树"一课的同学都知道，选 A，你的期望收益是 50%×100=50 块钱；选 B，你的期望收益是 30%×50=15 块钱。

选 A 是正确的决策。但是即使是正确的决策，选 A 依然有 50% 的可能性是赚不到钱的。

也就是说，选 A 是一个相对正确的决策，但它依然有可能是错的。

如果这次你猜对了，你又可以往前走一步，当然也可能猜错就走不了。

只是走两步，你能再往下走的概率只有 50%×50%，也就是 25% 了。

这样一路决策下来，你每天有多大概率是走不下去的？

可见，最后你能走向成功，95% 要靠概率，这个说法并不夸张。

所以我们既要相信努力的必要性，也要明白，完全不受我们控制的概率，对创业的重要性有多大。

"概率思维"是你要心平气和地承认，就算做对了所有事情，你成功的概率也不高，可能在今天的互联网行业只有不超过 5% 的概率。

然后再思考应该用什么方式提高概率。

千分位上，通过踏上时代的脉搏提高 12%；百分位上，通过选对战略，再提高5%；十分位上，通过设计好组织结构又提高2%；最后在个位上做好管理，提高1%。综合计算一共提高了20%，加上原来的5%，你的成功概率就变成了25%。

有25%的概率获得成功，已经是很大的希望了，但是依然有75%的概率会失败，怎么办？

那就不接受失败再来一次，再来一次，再来一次。

如果你曾连续创业四次，每次成功概率是25%的话，四次里面有一次成功就是比较大概率的事件了。

这就是概率思维，是这个时代成功者所秉持的底层思维。

只有理解和运用概率思维，去增加好运气，避开大坑和陷阱，创业者才可能在成功的路上走得更远。

目录

CONTENTS

1 PART ONE 定准方向
➡ 把握人生的精度

成为高手的三个阶段	002
让复杂的事情简单化	007
知识增量，决定你的成长质量	016
你做过的事情都有价值线	029
真正困住一个人的是格局	036
成大事的人，要具备的五种硬功夫	042

2 PART TWO 找对方法
➡ 看透这个世界的本质

用多元思维看世界	056
洞察事物本质的能力	062
从零维到五维的思考	071
打破自己的认知盲区	082
搭建人生进化系统	095
六种"人间游戏"的破局之法	109

01

3 PART THREE 做好决策
➡ 赢得人生主动权

困难越大，护城河越深	134
顶级高手都是长期主义者	140
及时止损是打败困境最好的办法	149
人生的管理，就是目标的管理	155
做好职业规划，少走弯路	165
培养战略性思维	178

4 PART FOUR 思维进化
➡ 人生需要不断地重启

深度思考三把刀，斩断险阻	202
比认知盲区更可怕的，是你的思想钢印	211
受益终身的七个习惯	223
开挂的人都坚持窄门思维	236
认知层次与认知速率	245
人际关系的符号互动理论	257

PART FIVE 管理智慧
➡ 人和人之间就是互相成就

打造高效协作机制	272
人才是企业最重要的资产	279
优秀管理者要具备的七条素养	289
管理者的沟通心法	299
员工心流是可以被管理的	313
管理者的实践	321

PART SIX 商业逻辑
➡ 找到你的旋转飞轮

用结构模块搭建商业模型	336
只要留在牌桌上，就有赢的机会	346
商业模式的本质，是利益相关者的交易结构	356
商业模式创新，就是交易结构的创新	368
处理信息方式的不同，决定了赚钱方式的不同	377
"十大战略"模型	384

后记　七年	417

03

PART ONE

把握人生的精度

定准方向

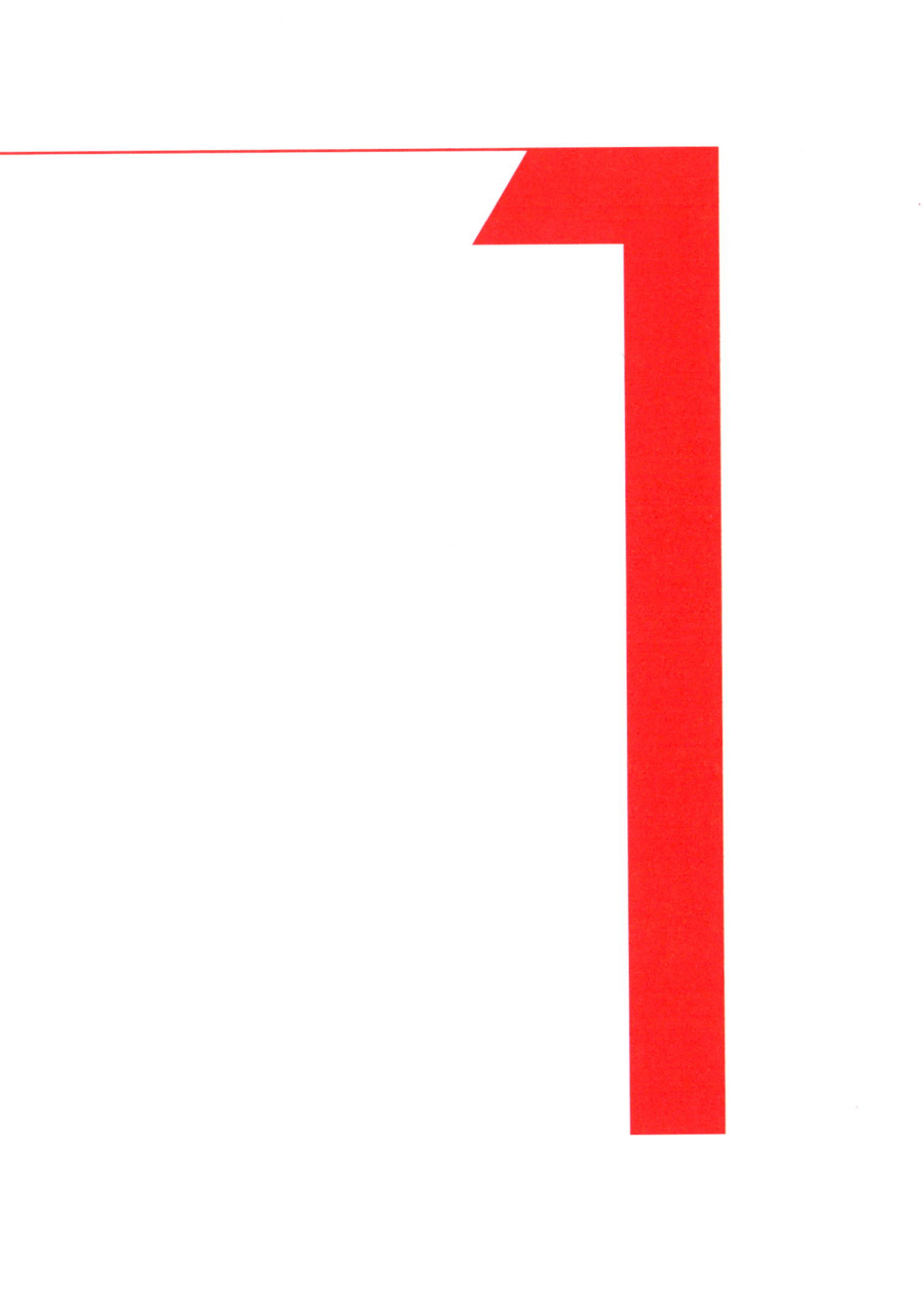

成为高手的三个阶段

优秀是一种成功标准。优秀,永远是人类社会中人们成长、成功的高目标与高标准。既然优秀是一种标准,那么,有没有一套方法可以用来判定一个人是否优秀呢?有。一个人是否优秀可以通过三个层次进行判断。

高手和普通人的差别在哪里?

不在 0~60% 这一段。这一段的关键词是"我会了"。

也不在 60%~90% 这一段。这一段的关键词是"还不错"。

高手和普通人的差别,在 90%~99% 这一段。这一段的关键词是"极致"。而顶尖高手和高手的差别,在于 99%~99.9999%。这一段的关键词是判断力、分寸感和颗粒度。

判断力

一件事情,在信息量有 100% 的情况下,你能做出的判断,一个拥有决策模型的机器人都能做出。而当信息量只有 90% 时,很多人就会开始犯错。错误率,甚至可以高达 50%。当信息量只有 60% 时，大部分人的决策，基本靠猜。

判断力，不是指你有没有优秀的"决策模型"，而是在你只有 20%~30% 信息量的时候，如何做出大概率正确的决定。

判断力，是对信息量的对冲。

分寸感

往前一步，万丈深渊。往后一步，还是万丈深渊。你是否能在钢丝上，从悬崖的这一头，走到那一头？这句话，该不该说？那件事，会影响到谁的利益？价格定在多少合适？分多少利益给合作伙伴？

甚至，一个微笑，一个鞠躬，一个用词，一个握手的力度，一个段子的尺度，一句话的力度，都是分寸感的体现。当复杂因素共同作用于一件事的时候，成熟的人和孩子的巨大差别之一，就是分寸感。

分寸感，是对复杂性的对冲。

颗粒度

你看时间，是以你为单位，还是以天为单位，还是以分钟为单位？你说用别人 3 分钟时，是否真的用了 3 分钟？还是安慰自己，我的事很重要，5 分钟也值得？你把一颗桃核放大，上面是不是雕刻着一艘船？你把一粒米放大，上面是不是刻着一部《红楼梦》？你对产品的设计，精细到每个按钮的位置、颜色、阴影、在不同光照下的反射了吗？这些都是颗粒度。

颗粒度，是对分辨率的对冲。

孩子，总觉得自己充满激情，无所畏惧。他们有时也会做出一些令人惊艳的东西。大人们很赞许。但是，孩子成长为大人，就会发现，对判断力、分寸感、颗粒度的修炼，是一条没有尽头的路。

愿你出走半生，归来仍是少年。但这个前提是，你已经开始走了。如果走都不走，你就不会"仍是少年"，而是一个长不大的"巨婴"。

结语 CONCLUSION

一个网上流传的故事：

一场战争中，美国空军降落伞的合格率为99.9%，这就意味着从概率上来说，每一千个跳伞的士兵中可能会有一个因为降落伞不合格而丧命。军方要求厂家必须让合格率达到100%才行。厂家负责人说他们竭尽全力了，99.9%已是极限，除非出现奇迹。军方就改变了检查制度，每次交货前从降落伞中随机挑出几个，让厂家负责人亲自跳伞检测。从此，奇迹出现了，降落伞的合格率达到了100%。

故事的真假我们不必较真儿，因为其背后隐约透露出一个十分关键的信息：

高手和普通人的差别，在于90%~99%。这一段的关键词是极致。

顶尖高手和高手的差别，在于99%~99.9999%。这一段的关键词是判断力、分寸感和颗粒度。

但前提是，你对"极致"这个词，不要有误解。极致是99分，顶尖高手是100分，优秀大概80分。但是大部分人，误以为10

分就是满分。99%~99.9999%，那剩下的0.000001，就是庸人和优秀者的区别。

差距看似很小，触手可及，却是一道难以跨越的天堑。

所以，请尝试把"我不行，我学不会，我做不到"，改成"我行，我愿付出不亚于任何人的努力去尝试"；把"我做到了，我已经做得足够好了，我尽力了"，改成"还能更好，还能够优化，还能更努力"。

美团创始人王兴说过这么一句话：真正极度渴望成功的人其实并不多，符合后半句"愿付出非凡代价"的就更少了。

愿你敢于离开舒适生活，敢于不惜代价去奋力争取。

愿你在这次"特殊时期"过后，成为"九死一生"中的"一生"。

让复杂的事情简单化

真正的高手，都善于把复杂的事情简单化。

目标和指标

前些日子，在一个企业家私董会上，我聊了一下目标（objective）和指标（index），这两个到今天为止，还有很多人都分不清楚的概念。请问，降低胆固醇，是我们的目标吗？不是。降低胆固醇不是目标。健康才是目标。

那胆固醇是什么？胆固醇是指标。

我们真正关心的，是身体健康。但是，身体怎样才算健康呢？靠感觉舒不舒服吗？不行啊。有些身体状况的恶化，是感觉不到的。

那怎么办？关注一些和健康密切相关的"指标"变化。这些数字就像汽车里的仪表盘，一旦变化，离开正常范围，通常就标志着人体开始不健康了——这些数字代表的指标比如胆固醇，比如血压，比如血糖，比如甘油三酯。

但是记住,这些从来都不是我们追求的目标,它们是标志我们追求的目标有没有达成的指标。区分这两个概念有什么用?很有用。

第一,我们要懂得为目标找到指标。

企业经营的目标是什么?**持续健康经营**。那么,如何衡量一家企业是否持续健康经营呢?

看收入增长这个指标吗?不行。收入增长,可能是以牺牲利润为代价的。那以"收入和利润"同时增长为指标吗?也不行。

因为企业可能会拼命招人,收入、利润增长的同时,成本也剧烈增加,运营效率大大降低,稍有风险,现金流就会断裂。**以什么为持续健康经营的指标呢?人均利润。**

这个指标,兼顾了收入、成本和运营效率。找到这个指标,不断关注这个指标,根据指标变化调整经营策略,企业才能保持健康。

第二,不要因为关注指标,而忘了目标。

我们关注指标久了,常常会忘了目标。比如,我们关注胆固醇久了,就会把所有心思都放在胆固醇身上,而忘了健康才是目标。

为了控制胆固醇,健康指南建议我们每天只能吃一个鸡蛋。因为蛋黄里富含胆固醇。

慢慢地,大家就只记得每天只吃一个鸡蛋,而忘了为什么。突然有一天,科学进步了,发现你少吃的胆固醇,身体内都会自已生成补回来。少吃鸡蛋，没有任何意义。

这时，如果你记得，你的目标是健康，而不是降低胆固醇，更不是少吃鸡蛋，你就会迅速调整指标。因为，指标可以变，目标不能变。

管理公司就是开车。记住，你真正的目标在远方，而不在车里仪表盘上的数字。很多人特别容易陷入复杂的指标之中，忘记那些 KPI、OKR、KBI 的复杂数字吧……每一年都会流行一些新的管理理念、新概念、新词语、方法论、工具，比如阿米巴、OKR……不要为这些词语痴迷，不要被这些复杂的词语迷惑。

如果你往下不断深挖，不断接近**本质层**，你就会发现，人性不变，管理理念其实基本也不会变，只是表达方式一直在变。真正的高手，都善于把复杂的事情简单化。

回归本质

吉利集团董事长李书福刚进入汽车业时，业内人士都不看好。记者问他怎么看待汽车，他说：汽车，不就是四个轮子和两排沙发吗？这句话引来无数业内人士的耻笑：这……真是个无知的疯子。

但是今天，应该没有人敢轻视吉利汽车了。早在 2017 年，吉利就销售汽车 120 万辆，增速超过 60%，净利润超过 100 亿元。吉利收购著名汽车品牌沃尔沃，更是让很多业内人士闭口不言。

当李书福说话有分量时，我们再回顾他曾经说的那句疯狂的话，难道不对吗？汽车，不就是四个轮子和两排沙发吗？四个轮子和两排沙发，就是汽车的本质。从第一辆汽车被发明到现在，不管科技如何进步，更安全、更舒适、更高科技，这个本质从来没有变过。

在汽车行业从业久的人，开始把更好的音响当成本质，把更漂亮的喷漆当成本质，把汽车变得越来越复杂，却忘了真正的本质。在一个行业从业过久的人，特别容易被方法论带来的成功蒙蔽双眼，忘记什么才是本质。

我是这么对客户笑的，我是这么设计灯光的，我是这么陈列货品的，我是这么和供应商谈判的……这些打磨了几十年的方法论，让我在行业获得了巨大的成功。这些对不对？对。有没有用？有用。

但这些都不是本质，它们都是在信息流、资金流、物流的一个特定组合下，取悦客户、优化产品、提高效率的方法论。

在变革时代，我们更需要回归行业本质，尊重常识和规律。从满足用户需求出发，把复杂的事情简单化。只有简单，才能做到专注。只有专注，才能做到极致。简单，才是终极智慧。

方法论
变化

本质
不变

汽车
4个轮子+2排沙发

更好的音响
更漂亮的喷漆
······

"熟人关系"

关于"简单",冯仑先生讲过一个"熟人关系"的故事:你开车违规了,闯红灯了,被警察拦住,一看那警察是个熟人,他对你说:"大哥,你怎么在这儿?"

你说:"对不起,刚才没看见红灯,打了一个盹儿。"

对方说:"没事,过去吧。"

这时候你会怎么样?你会觉得有面子。然后你说:"兄弟,没事,改天一块儿吃个饭。"

第二次路过这儿,你拐错弯了,一看又是这哥们儿,这回不道歉了,你说:"又是您当班啊?"

对方说:"没事,过去吧。"

你说:"行啊,改日喝酒!"又省了50块钱,面子大了去了。但两次都拦住又放了,你过意不去,就会找理由请他吃饭,还这个人情。跟对方一吃一喝一高兴,花费肯定超过100块钱。

吃完了以后,你多问了一句:"最近弟妹忙什么呢?"

对方说:"你这弟妹不争气,一天在家没啥事,找工作特别难。要不上你那儿找个活儿干,能开点儿钱开点儿钱,别让她在家待着?"

你说:"没问题,哥们儿的事嘛。"

过两天对方媳妇儿来上班了,怎么开工资呢?按照当下的标准,工资不可能太低。每月还要买保险,加上其他杂支,差不多

2000元钱，每个月都得给。

上班3个月之后，对方打电话来了，说："媳妇回来天天跟我说，您好好管管您手下，不能老欺负我媳妇，她不就是没上大学嘛，没上大学也是人。"

第二天你上班，被迫变着法儿让人都知道她老公跟你是哥们儿。

而这时你可能已经不开车，也不可能违章了。同时你也对这位媳妇不耐烦了，跟对方说："弟妹在这儿不舒服，干脆让她回家。这样吧，她不用上班，我每月给她开2000元，一年给她发24000元。"

你花了钱，一年搭进24000元，还不好意思停这工资；最后钱花出去了，又得罪了哥们儿。

如果当初罚款50元的时候，你就简简单单给50元，后续的麻烦都会消失。

就因为把事情复杂化了，才鸡飞蛋打，丢了朋友，损了面子，还搭了钱财。我们最容易犯的错误，不是破解不了复杂的难题，而是总把简单的事情办复杂。

真正厉害的人，都很简单。

能把复杂问题简单化，才是一流大智慧。

结语　CONCLUSION

关于管理，一怕起名，二怕押韵。

一起名，你就觉得专业；一押韵，你就觉得是古人的智慧。

什么意思？比如，你随便发明一个管理理论，然后起个名字：这叫"二马螺旋"式管理。让人一听就不明觉厉。然后再编一句押韵的歇后语：一马上升终到头，二马螺旋无穷尽。

你一听，天啊，有道理啊。

这就是起名押韵法。

为什么讲这个？因为看到一个笑话。与你分享：世界上有一种叫一氧化二氢的化学物质，它具有很多危害，例如是酸雨的主要成分、促进泥土流失、引起温室效应、导致腐蚀、吸入呼吸道会致命、皮肤长时间接触它的固体形式会导致严重损伤、它的气体形式能引起严重灼伤、能在肿瘤细胞中找到、污染了全世界的河流湖泊，等等，但是政府和企业却无视它的危险，还在大量使用……

有些人因此呼吁禁用一氧化二氢。厉不厉害？这个一氧化二氢，就是 H_2O。也就是水。

常识让事情变得简单,复杂的语言蒙蔽人的头脑。如果一个概念、一个人,让你觉得眼花缭乱,那么大概率是错的、假的、低劣的。

最了不起的人和事,都简洁而优雅,朴素到"一剑封喉"。

真正厉害的人,都很简单。

真正的高手,都善于把复杂的事情简单化。

知识增量,决定你的成长质量

你的知识增量,决定你的成长质量。

没有增量,就只能原地打转,眼睁睁看着自己被别人超越。

但是,知识从哪里来?很重要的一点是,看书。

一本书,就是一个思维模型,就是一套理论框架,就是一种认知。

那么,怎样更高效、更有效地看书学习?

用一些方法,也许你就可以比80%的人更优秀。

世界上的两种知识

在说应该做什么之前,要先说不要做什么。

关于看书学习,有两个很大的误区。

第一个误区:把看书过分神圣化。

提到看书学习,有些人会想到这样的场景:沐浴在温暖的阳光中,有一扇大大的落地窗,窝在客厅的柔软沙发里,喝着一杯香醇的咖啡,然后慢慢捧起手边的一本书,在舒缓的音乐中静静阅读。

这是一件非常神圣的事情，所以必须万事俱备。

但是，如果没有阳光，没有落地窗，没有咖啡呢？那就不看书，不学习了吗？

把学习过分神圣化，给了自己太多的理由和借口。

所以，我会建议你在看书学习的时候，千万要摆正一个心态：不要过分神圣化。这样你开始的时候，会简单一点儿。

别让形式大于你的目的。书只是一个载体。我们真正要做的事情，是获得书里面的内容。

那么，应该获得什么内容？

这就涉及第二个误区：看书仅仅是为了获得已知。但是实际上，**我们不仅是为了获得已知，更是为了获得认知。**

这个世界上，有两种知识。

一种是把未知变成已知。比如牛顿、爱因斯坦这样的人，他们非常伟大，充满探索精神，是真正的科学家、思想家。他们通过大量的推理、实验，点亮未知的地图，让人们知道，原来世界上还有这样的东西存在，原来世界是这个样子的。他们通过自己的努力，把人类未知的东西，变成已知。但是，因为晦涩的语言、复杂的图表、艰深的公式，这些伟大的发现，我们又可能往往看不懂。

这时，就需要第二种知识，把已知变成认知。

当你要学习牛顿力学时，你也许不会去看牛顿的著作，而会去买一本讲解牛顿力学的教材，会去看牛顿力学在生活中的应用，真正去理解什么是牛顿力学。

这就是把已知变成认知。

我们的目的,不仅是为了知道一样东西,更是为了认知一样东西。

明白是什么,还要知道为什么、怎么用。只有这样,才是有效的知识增量,成长才会有更好的质量。

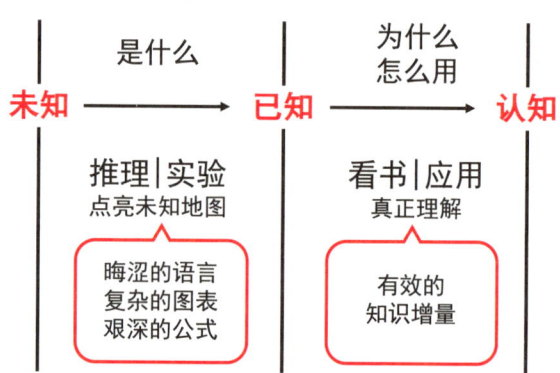

高效学习的四种途径

知道了学习的目的,知道了一定不能犯错的误区,现在我们看看如何更高效地学习。

有几个方法和建议。

1. 认知之树＋须鲸式学习

认知之树，就是一定要有自己的知识框架。比如想要学习商业，在这棵大树上，就要先搭建最主要的枝干。经济学、管理学、心理学，必不可少。然后，你可能会去看亚当·斯密、彼得·德鲁克、阿尔弗雷德·阿德勒等人的著作。

有了认知之树，才说明你的知识是体系化、连续化的，而不是割裂的、点状的。然后，像须鲸一样学习。

须鲸是怎么吃东西的？大嘴一张，不管是小鱼小虾还是海水，都先吞进体内。然后有用的东西就消化吸收，没用的东西喷出体外。

学习的过程也是一样。不管是什么类型的知识，先大量输入，接着把有用的知识，挂在你的认知之树上。

这样，你的认知之树会越长越大，越来越茂盛。

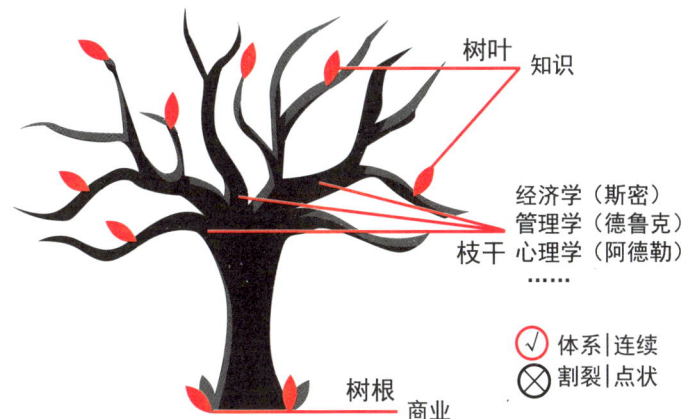

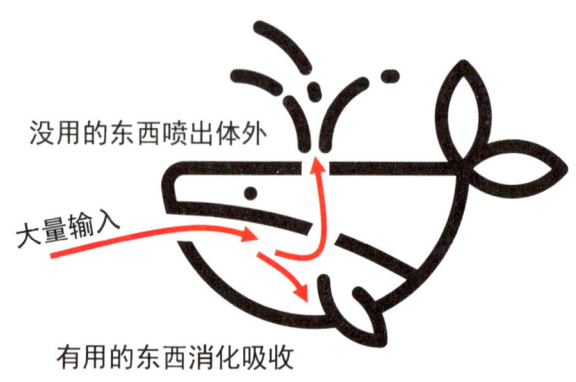

2. 大量听书

像须鲸一样学习,大量输入。但是,应该用什么方式呢?

我建议你,听书。

2020年,我在得到App上一共听了1300多个小时的书。这意味着我平均每天要听3个多小时,能听六七本书。

听书有什么好处?

可以使人在最短的时间内,快速了解一个领域的全貌,获得60%~70%的核心认知。

这种方式,对打地基很有帮助。而且,听书还能很好地开阔自己的视野。

得到经常给我推荐各个领域的书,艺术、历史、文学、法律等方面。

这些领域我比较陌生,如果得到不推荐给我,我可能不会主动去了解。但是它推给我，就让我和这些知识"相遇"了。

然后，你会听到一个特别有趣的观点，让你脑洞大开——原来这个行业是这样的——也会发现不同领域一些相通的底层逻辑。

通过听书偶遇陌生的知识，可以迅速扩展你的知识面，完善你的知识结构。

3. 集中阅读

当我听到了一些特别好的书，想深入了解的，我就会点击"收藏"，找这本书来仔细阅读。

阅读，是做更认真的研究，吃透一个领域。比如，我最近对"边缘计算"特别感兴趣，我就上网找和边缘计算相关的书籍，又去看买了这些畅销书的人，还买了其他哪些相关的书，最后挑了几本做成自己的研究清单。

拿到这些书，应该怎么阅读？

首先，看目录。

光看目录，就能知道一个大致的知识框架，知道这些人是怎么看边缘计算的。

然后，找到 what、why、how。什么是边缘计算？为什么会出现边缘计算？边缘计算有哪些应用场景？

这样你就会对它的原理、怎么和产业结合、发展到什么阶段，有一个清晰的了解。

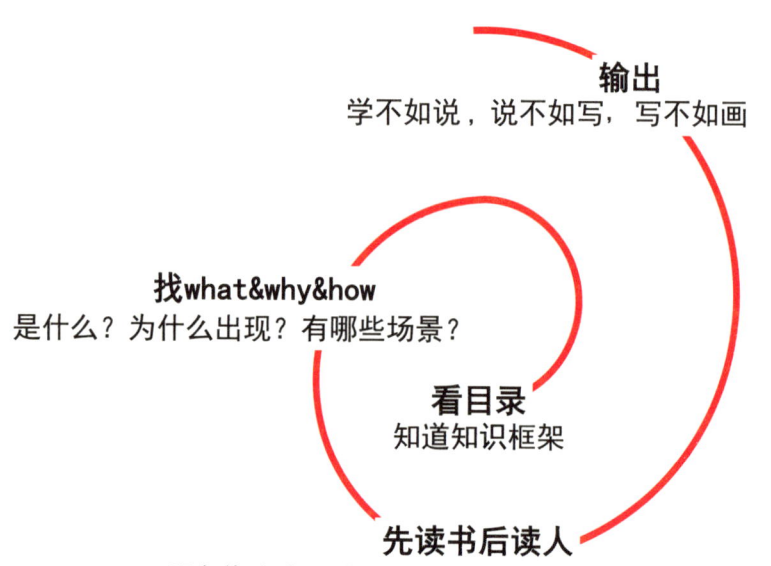

在读了一系列的书之后,你在心里就会有一个判断,哪个作者的水平更高,研究得更透彻。然后找这个作者写过的书来看。

先是读书,然后读人。

接着便会发现,作者的思想是怎样一步步进化迭代的。10年前,他是这么想的;5年前,他又是那么想的;今天,他形成了这样的看法。

通过集中阅读,一下子搞懂一个领域,也读懂一个人,相当于和作者交了个朋友,也一下子学习了他十几年的思想精华。

4. 输出是最好的输入

听过、读过,就可以了吗?

当然不是。输出,才是最好的输入。

学不如说。

学完能清晰地复述,给别人讲清楚,说明你懂了。

说不如写。

说,还是发散的结构,如果你能写清楚,更进一步代表你有了更深的思考。

写不如画。

比写更厉害的,是总结出一个模型。能画出高度抽象、凝练的模型,说明你真的达到了融会贯通的程度。

所以,学习完一定要输出。

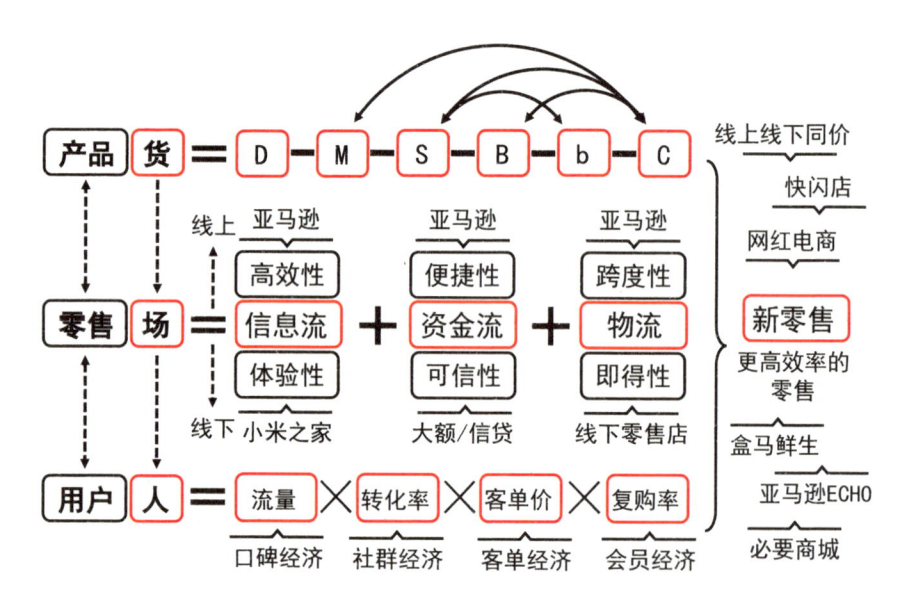

| 产品 | 货 | = | D — M — S — B — b — C | 线上线下同价 |

线上 — 亚马逊　　亚马逊　　亚马逊

高效性　　便捷性　　跨度性

| 零售 | 场 | = | 信息流 + 资金流 + 物流 | 新零售 |

体验性　　可信性　　即得性　　更高效率的零售

线下 — 小米之家　大额/信贷　线下零售店

盒马鲜生

亚马逊ECHO

| 用户 | 人 | = | 流量 × 转化率 × 客单价 × 复购率 | 必要商城 |

口碑经济　社群经济　客单经济　会员经济

快闪店

网红电商

注：我总结的关于"新零售"的模型。

学 < 说 < 写 < 画

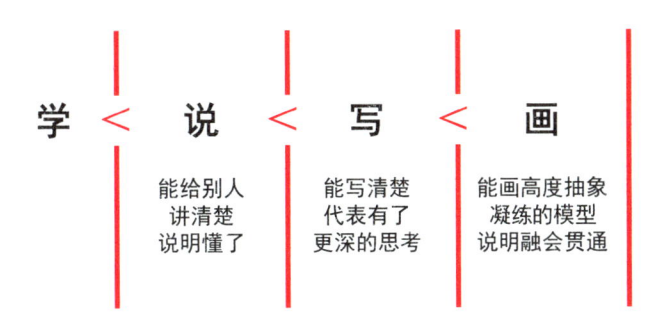

能给别人讲清楚说明懂了　　能写清楚代表有了更深的思考　　能画高度抽象凝练的模型说明融会贯通

坚持，造成人与人之间的差距

我知道，可能有人会说，这些方法很有效，但看起来太累了，我真的能做到吗？

是的。学习本身就是一件很辛苦的事情。

但正是因为难，才会造成人与人之间的差距。

你也要相信，自己能够做到。通过一些其他方法，帮助自己坚持下来。

怎么做？下面是两条建议。

第一，用他律来自律——加入一个学习小组。

如果你想读书，那么你就可以去找一群也想读书的人，大家形成一个读书小组。大家规定：每天读书，输出笔记，交流心得。做到了，有奖励；做不到，有惩罚。

通过这样的方式，大家互相监督，互相鼓励。在一个学习的氛围中学习，才是更有效的学习。

这样，你就不会轻易半途而废。真正坚持下来，一年读完几十本书时，你也会有极大的成就感。

第二，充分利用碎片化的时间。

还记得我们前面讲的吗？不要把学习搞得太神圣化，我们应该在任何地点、任何时候都能学习。

在机场的休息室里，在去高铁站的路上，在前往下一个会场的专车里，都是我的碎片时间。这些时间，我们很容易忽略，一不小心就全部浪费了。

所以我出门的时候，都会携带一副蓝牙耳机。在碎片化的时间里，听书。

我经常说，不要浪费你的**第三个 8 小时**。

什么意思？

第一个 8 小时，你在睡觉。第二个 8 小时，你在上班。真正造成人与人之间差距的，是第三个 8 小时。

但是这第三个 8 小时，你还要吃饭、通勤、逛街，被切割得非常碎。因此，能充分利用这些碎片时间的人，才是真正懂得学习、渴望获得成长的人。

想一想，当你跑 5 公里的时候，你也能听书学习。跑完的时候，也学完了。

这样的方式，更高效，也更轻松。

不要小看这些碎片时间，你可以计算一下，如果这些时间都用来学习，一年下来你可以抢回多少时间。

积少成多，非常可观。

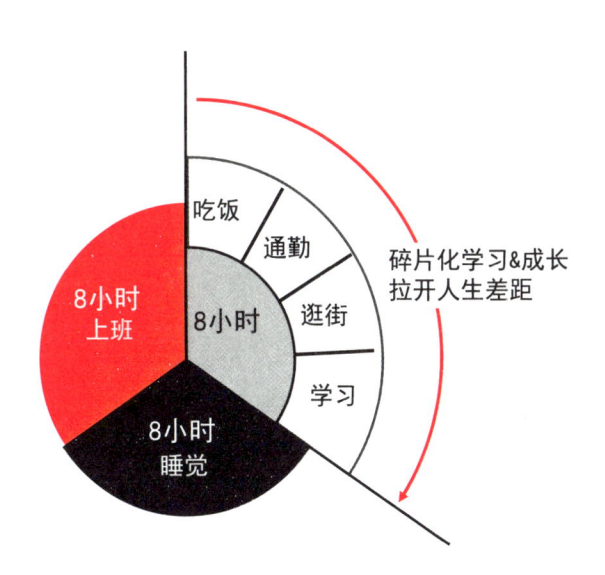

碎片化学习&成长
拉开人生差距

8小时上班
8小时睡觉
8小时
吃饭
通勤
逛街
学习

结语 —— CONCLUSION

所以，怎样能获得更高效的成长？

你的知识增量，决定你的成长质量。

大量输入，大量输出，量变会产生质变。否则，就只是在原地打转，陷入很低水平的成长。

最后，分享几句话：

一个人在食物链的位置，通常不是由他自己决定的，但一个人在知识链上的位置，常常可以通过他的努力而改变。这就是我们要读书的原因。

我们在知识链上的位置，常常会影响到我们在食物链上的位置。这可能就是我们读书的意义。

祝你可以高质量地成长。

你做过的事情都有价值线

如果你对更广阔的海洋有渴望，对自己更强大的能力有信心，就别被恐惧拴住。

凡事有交代，件件有着落，事事有回音。

优秀员工、高级经理与事业伙伴

首先是做事靠谱。

你交代的事情，他能按时完成。不会因为你不提醒，他就忘了。不会你一提醒，他才有些进展。从质量上，交给他的东西总是让你满意，甚至超出预期。如果能力达不到高质量交付的结果，会主动自我学习，或者协调各种资源，以及向你求助。

其次是值得托付。

如果你的业务是成熟的，或者你的想法是清晰的，那么人品靠谱的员工，是你最好的伙伴。但是，常常你的业务处于发展期，你也不知道怎么做。你有方向，有目标，有该怎么做的想法，但是没有具体的步骤、指标、计划，甚至战略都需要验证。这时，

- 主动学习
- 拆解计划
- 值得信任

相同的思维级别
互补的能力结构

看重目标后的东西
调配内外部的资源

事业伙伴
患难与共

按时完成任务
交付超出预期

高级经理
值得托付

优秀员工
做事靠谱

只有值得托付的员工能帮到你。他们拿到一个目标，会问你背后真正想要的东西，然后调配内部资源，协调外部资源，形成计划，再把计划分解为指令，让做事靠谱的人去完成。

他们的心中，永远装着事，更装着全局。他们时刻警惕风险，遇到任何风险信号，第一时间做出反应。真正遇到风险，他们承担责任，决不退缩，寻找解决方案。他们值得托付，值得分享更大的事业。

最后是患难与共。

他与你有相同的思维级别，但是有着互补的能力结构。他特别值得信任，你知道，在任何情况下，他都不会背叛信任。他把信任看得比一生的财富更重要。你可以把后背交给他。你们共同经历过苦难，甚至生死。这样的关系，在同学、同乡、同事关系中，更容易积累。

他和你一样，把事业看成成就的来源，而不是经济的来源。你们各自独当一面，你就算不知道他的做法，不认同他的做法，但你发自内心相信他的能力和人品。倘若事业失败，他会卖房子和你一起渡过难关。

第一种人，可以做优秀员工；第二种人，可以做高级经理；第三种人，可以做事业伙伴。

你的靠谱层次，决定了你能成为哪种人。

君子不器

关于靠谱,你还需要知道一个概念:君子不器。什么叫"君子不器"?器,就是被控制住。杯子没有被烧成之前,就是一把土,可以烧成碗,烧成杯子,烧成勺子,烧成各种各样的器物。这一把土,烧成什么形状都有可能。但是,当这一把土烧成杯子的时候,它的价值、它的作用,就被控制住了,它只能是杯子了。

君子不器,就是那一把土,本来具备各种可能,结果烧成杯子以后,已经不具备其他的能力了。君子不器,就是千万不要被控制住,不要像器具那样,作用仅仅限于某一方面。

曾经有人问我:润总,是什么让你取得了今天的成就?

我不敢说我今天取得了很大的成就,但如果一定要让我总结我走到今天的原因,那一定是:**在每一件事情上,我都会做到榨干我所能学习的一切东西。**

如果我大学毕业时,在广告公司不好好学习相关实战技能,而仅仅想着赚钱,那么就不一定有机会进入我向往的那家公司。如果我做工程师的时候不把解决问题的能力培养好、客户服务的感觉培养好,做管理时就很难有那种强烈的同理心。如果我不是在做项目的时候顺便学习,报考了项目管理专家的认证,就不会有后来出去给企业讲课的机会。如果我不是抓紧一切给企业讲课的机会,锻炼我的演讲能力,把自己放在更大的挑战里面成长,现在就不会自己创业做咨询。如果我不是在做公益项目的时候全力以赴，我后来就不会认识李兆基的长子李家杰，更不会给恒基地产做咨询顾问。如果我不是从小培养写作能力，在每一次写作中提升，就不会有机会写出《5分钟商学院》，更不会让40多万学员认识我。如果……如果我没有在每一个职位上，把所有能学的东西都学到，那我一定达不到如今的境界。如果我只愿意做技术的工作，错过后来的这些经历，我想我会遗憾一辈子。所以，在每件事情、每个职位上，都要榨干你所能学习的一切东西。

不要在意薪水的高低，不要纠结事情的难易，不要逃避上级交代的任务，这些都不重要。最重要的是，从你所做的每一件事情上，学到最多的东西。总有一天，你做过的那些看似没有用途的事情，会在生命的某一时刻连接在一起，形成一条价值线。

这条价值线会指引你，走向你想要的生活。君子不器，你想把自己塑造成什么样的形态，你说了才算。

"责权利心法"

给靠谱的担当者，而不是执行者，足够的利益。一个项目有20个人在做，谁应该拿到主要奖励？担当者，就是对目标负责的人。我们要把80%的奖励给20%的担当者；20%的奖励，给80%的执行者。

为什么？

因为担当者的贡献远大于执行者。你对奖励不满意，那太好了。你随时准备好了(能力、愿力、潜力),请从执行者转为担当者,拿走你想要的那部分。

怎么判断你是否把目标都交给了担当者?

你看任何一件事情,是不是有人比你更着急。如果你总是很着急地去找人问:这件事怎样了?他说:哦,遇到困难了。你就知道,他不是担当者。真正比你着急的人会天天来逼你:老板,今天你有三件任务必须完成。

当你给出的利,让每个人对目标都比你着急的时候,你就成功了。

其实,这就是"责权利心法"。你敢于担当多少,就能得到多大利益。

结语　CONCLUSION

未来，是不可知的。没有人可以预知未来。面对未知，如果人生的每一个决定都是在确定增加50%薪水，提升一级头衔，期待得到好处的前提下，才迈出下一步，路，可能会越走越窄。

你今天必须做别人不愿做的事，明天才能够拥有别人不能拥有的东西。不管多高的职位、多高的薪水，那些都是别人给你的，所以都是别人的。只有你用来换取这些报酬的能力才是你自己的。

如果你对更广阔的海洋有渴望，对自己更强大的能力有信心，就别被恐惧拴住。

凡事有交代，件件有着落，事事有回音。你的靠谱层次，决定了你能成为哪种人。

真正困住一个人的是格局

放下"主动防御的本能"

前些日子,有同学在进化岛社群向我提问:润总,真正凭良心做生意到底能不能赚到钱?

我说:也许,你的心中有个错误归因。

凭良心做生意的没赚到钱,问题通常不是出在有良善的"心",而是出在没有商业的"脑"。不能把"脑"的问题,归于"心"。 很多人往往很难承认自己的不足。因为承认不足,就是对自己的否定,心理上很难做到。人的潜意识里都有主动防御的本能,所以,大部分时候都是喜欢掩饰,而不愿意面对。

有一次我出差演讲,调试电脑时,发现投影有问题。现场的工程师说:"你的电脑有问题,你改分辨率,你改PPT,不管你改什么,反正是你的电脑有问题。"我接过投影仪遥控器,自己把投影调好了。

很多人都像那个工程师,视野、经验、技能不足,但是他们眼中没有自己的不足,只有别人的不对。很多人做一件事失败了,他们会怪这件事不靠谱,而不是怪自己无能。他们会说"当时天真了,那事太不靠谱",或者"现在时机不对,我成了炮灰"。很少有人会说:"这事很靠谱,时机也对,可惜是我能力不足,做砸了,真惭愧。"

当别人告诉你这件事不可能时,那是因为他做不到,不代表你不能。允许更多的可能性,你才能有更多的机会。

向内观格局

不少企业家都问过我一个问题:润总,我们的产品是行业里最好的,可惜还是有不少用户不能理解。我觉得我们销售做得太弱,您看我们怎么才能利用互联网,让大家都知道我们的产品是最好的?

听到这样的问题,我通常会说:"你多找一些陌生的用户,亲自给他们讲讲你的产品。"如果讲得满头大汗,大部分人都还是没感觉,那你一定要明白,其实,你的产品,是真的不够好。

我常说一句话:"你陪客户喝下去的那些酒,都是你做产品的时候没有流过的那些汗。"

产品势能不足,才需要营销补,渠道补,都补不了的,最后只好陪客户喝酒、吃饭、搞关系。等到关系没了,一切轰然倒塌。金杯银杯,不如用户的口碑。资源背景,不如自身能力过硬。

信奉价值理论的人更加关注好产品，也敢于承认自身的不足，虚心学习，不断提升，最终收获一个好的结果。

这个世界上没有捷径。大机会时代来临，机会落在有实力的人身上，而不是机会主义者身上。只有敢于不如人，才能胜于人。勇于承认自己的不足，你才能有更多的生存可能。

向外观视野

我曾经在进化岛社群分享过一个故事：

江苏，是全国高考最难的省之一。考同一所大学，江苏人需要600多分，北京人只需要400多分。我的中学南京一中，又是江苏最好的中学之一。这所学校的普通学生，放在江苏的其他学校，都是"学霸"。

包同学，是南京一中我这届的高考状元，高分进入南京大学计算机系。讲到这里，通过三个对比，你已经知道包状元有多厉害了。这样的人，十足优秀。想要超越他，只能叹口气，默默摇头。只有大学继续努力，争取缩小差距。

高考后我很幸运，被南京大学数学系录取，和包状元在同一所学校。有一次我去计算机系宿舍找包状元玩。包状元有道题不会做，极其痛苦，问上铺的郭同学。郭同学懒洋洋地看了一眼题，慢悠悠地说了几句，包状元恍然大悟。

这个郭同学，几乎每天都不去上课，每天都睡不醒。就是这个"睡神"郭同学,"学霸"们排着队等着问他问题。这时,你就知道,郭同学不是"睡神",而是真正的"大神"。

毕业后,我又很幸运,和郭同学去了同一家公司,后来又一起加入微软。微软考核是打分制,20%的人得4分,70%的人得3分、3.5分,10%的人得2.5分。郭同学常常得4.5分,因为4分,已经无法证明他的优秀。5分?不可能。因为5分就证明这个人很完美。

一个人怎么可能完美?在微软,几乎不可能有5分。直到我遇到了谢同学……你可能已经猜到了,谢同学才是真正的扫地僧。

谢同学真的得了无法想象的5分。因为4.5分的保守,无法体现他在全球都难以匹敌的优秀。他的老板,必须层层向上证明,这个人真的是完美的,最后甚至惊动了比尔·盖茨。最后,微软破格给一个员工打了5分。5分的奖励是什么?和比尔·盖茨一起吃了顿饭。至此,你可能已经惊叹优秀是没有极限的了。

可是,我身边随便找一个人,都是奥数冠军、高考状元、科技发明奖获得者。谢同学这种极度的优秀,因为星空的璀璨,显得不是那么夺目。但是在如白昼一样的夜空中,依然有几个名字如此耀眼,他们管理着群星。

比如,13岁读大学的沈向洋;比如,12岁读大学的张亚勤。沈向洋和张亚勤,谦卑、慈爱地和大家一起工作。和他们交谈,你只感觉到深不可测的能量,却感觉不到一丝锋芒。

为什么如此谦卑?因为他们见过更优秀的人。优秀,没有极限。所以，见过这些优秀的人，常常自愧不如。更可怕的是，这些优秀的人，比你更加谦卑，比你更加努力。

如果真的想获得比别人更高的能力，就要比别人更勤奋。

格局同样如此，见识过，经历过，方知人外有人，天外有天。站得越高，才能看得越远。

多经历，多见识，多反思，多复盘，多承受委屈和磨难，你的视野和格局才能得到提升。勇于承认自己不足的人，格局都很大。

结语 — CONCLUSION

胡雪岩曾说:"如果你有一乡的眼光,你可以做一乡的生意;如果你有一县的眼光,你可以做一县的生意;如果你有天下的眼光,你可能做天下的生意。"

这就是格局。

提升格局,首先是提升视野。视野是向外观,格局是向内观。视野是向外的,欲穷千里目,更上一层楼。看得越多越好,越透彻越好,越有高度越好。

格局则是向内撑大自己的心胸,越大越好,从而使得你能做的事情极大地放大。

勇于承认自己不足的人,格局都很大。

成大事的人，要具备的五种硬功夫

有读者问我：润总，据你观察，那些能成大事的年轻人，都具备哪些特质呢？他们身上有没有什么共性？

在我 14 年的职业生涯中，亲自面试的人应该不下 1000 人了。看过的简历还要更多，尤其是微软上海早期扩张的时候。

有的人，头脑和履历都非常优秀，可是走着走着却慢慢变得平庸。而有的人，一开始并不怎么起眼儿，十几年后，却做出了很大的成就。他们身上确实有一些共性。

拥有强烈的好奇心

你所能拥有的一切，都源自探索；而探索的动力，都源自好奇。

每个人在孩童时期都具有强烈的好奇心。这是什么？那是什么？为什么是这样？为什么不能那样？为什么会打雷下雨？为什么有冬天、夏天？为什么苹果会落在地上？为什么井盖是圆的？为什么印加人没有文字？

可是，在逐渐长大的过程中，很多人都丢失了自己的好奇心。

而那些能成大事的人，往往都保持着童年那种强烈的好奇心。正是因为这种好奇心，促使他们离开舒适区，获得更多新知识，不断拓展自己的边界。

没有好奇心的人通常不太愿意动脑子，他们满足于待在舒适区，只做自己擅长的事情，不断重复过去的工作，活在过去的荣光里。

而拥有好奇心的人，就像一块海绵。不断吸收新的知识，获得更快的成长。他们总是关心更优秀的人是怎么做这件事的，这件事还能做得更好吗，这件事情背后的运行规律是什么。听到跟自己意见相左的观点，他们的第一反应不是反驳，而是产生强烈的兴趣：咦？还有这种操作？他为什么会这么想？这背后有什么合理性？即便遇到让自己利益受损的事情，他们的好奇心也会压倒愤怒，去思考这个问题背后的逻辑是什么，解决问题的关键变量是什么，最优解法是什么。只要有所收获，他们就会获得巨大的满足。

因为拥有强烈的好奇心，所以他们在追求成长的道路上，永不止步。也因此，他们总是乐意接受更大的挑战。

字节跳动（旗下有今日头条、抖音等App）的创始人张一鸣就是一个拥有强烈好奇心的人。他曾在采访中说，他刚刚参加工作时，虽然只是一个程序员，但是只要产品上遇到问题，他都会参与，即使有很多人告诉他，这不是他应该做的事情。这都源自他的好奇心和兴趣，而不是公司的要求。慢慢地，他积累的技能越来越多,成长的速度越来越快。从带一个小组,到一个小一些的部门,再到一个大部门,后来出去自己创业。

好奇心是驱动一个人进步的最大动力,是我们应该不惜一切代价保护的最大财富。它源于对自己知识缺口的敏感,以及填补缺口的强大动力和缺口不断被填补的巨大成就感。

如果已经丢失了孩童时期的好奇心,我们还能再捡起来吗?当然可以。

当你对做一件事情缺乏兴趣的时候,试试把内心的独白从"这很无聊""这有什么用啊"改成"我好奇如果我这么做了,会怎么样"。

这是一个神奇的问题,也许能够帮你化"无聊"为"有趣"。

拥抱不确定性

大多数人宁愿拥有一个铁饭碗,一辈子旱涝保收,也不愿意踏出舒适区,拥抱一点儿不确定性,承担一点儿风险。人们厌恶不确定性,是因为厌恶不确定性背后巨大的风险。但是,不确定性背后,除了巨大的风险,也可能是巨大的收益。能成大事的人,在面对不确定性时,有不同的风险观。他们并不是承担风险的能力更强,而是看待风险的视角不一样。他们不仅会把失败的损失看作风险,也会把错过的发展机会看作风险。所以,在面对不确定性时,他们更容易选择拥抱,而不是怀疑。因为拥抱比怀疑,永远多一次机会。

世界变化的速度越来越快，不确定性就像空气一样，几乎永远存在。在可承受的范围内主动拥抱不确定性，对我们来说，是很有好处的。塔勒布的畅销书《反脆弱》，说的就是这件事：如何从不确定性中获益。

平时养尊处优，偶尔饥寒交迫一次，接受一些不确定性的小刺激，身体反而会发挥冗余机制，变得更强壮。健身其实就是这个道理。

更大的目标和想象力

在北京，一些优秀的年轻人，找工作的时候偏向于选择国企等可以解决北京户口或者享受买房福利的单位。

在一线城市，能够有房有车有户口，已经是很多人想象中很好的生活了。但是你会发现，那些能成大事的人，他们的目标和想象力远不止于此。

他们会发自内心地觉得，长远来看，只要自己能够创造巨大的价值，那么车、房、户口，早晚都会有的。

这些都只是附带品。最关键的是，要不断成长，积累价值，让自己变得稀缺，有能力去解决别人解决不了的问题。

所以，他们不会在乎刚毕业几年的收入，他们在乎的是眼前的工作是否能给自己带来最快的成长。相反，如果刚毕业的时候，你的目标就是在北京买一套房，早日攒足首付，那么你可能就会想尽办法赚钱、攒钱。你的一切决策，都聚焦在首付上。

一个兼职，哪怕没什么成长，只要能赚钱就去做。

一项培训很有价值，但是要花很大一笔钱，那就选择放弃。

一个很好的工作机会，短期收入不高，但是长期可能有巨大收益，不确定性太大了，还是算了吧。

几年之后，这样做确实攒了不少钱。看上去虽然赚了，但可能是亏的。因为你放弃了不少成长的机会。

这个世界很奇怪，你冲着钱去，却往往赚不到钱。这个世界也很公平，你选择了赚小钱，就反而赚不到大钱。所以想要成大事，就要有更大的目标和想象力，专注于创造价值，而不是创造财富。

赚钱，只是一个顺带的结果而已。

延迟满足

在接受《财经》杂志采访时，张一鸣说："我最欣赏自身的特质是延迟满足感，而最大的延迟满足感，是思维上的。我比较保守，比如很多公司花钱都是为了再融资，而我总是预留足够的钱。保守的本质是因为我很相信延迟满足感，如果一件事你觉得很好，不妨再往后延迟一下，这会让你提高标准，同时留下了缓冲。"

很多人人生中一半的问题都是这个原因造成的——没有延迟

满足感。延迟满足感的本质是克服人性的弱点，而克服人性的弱点，是为了获取更多的自由。

以前我的投资人建议我尽快推广业务，但我想做好充足的准备再行动。事实上在竞争对手发力之前，都是自己的窗口期。

华为就是一家懂得延迟满足的企业，在研发方面花了大力气，这种投入不会在短期内见效。

能够延迟满足的人，往往极度自律。今天空出来了2个小时，是选择学一些新技术提升自己，还是玩一会儿游戏获得即时快感？

延迟满足的人，会选择提升自己。

来戈壁徒步，走到一半坚持不下去了，是选择坚持走完，还是"算了，就到此为止吧"？

延迟满足的人，会选择坚持走完。

今天是运动日，该去跑步锻炼了，但就是不想跑，怎么办？

延迟满足的人，会说"今天不想跑，所以才去跑"。

能够延迟满足的人，坚持长期主义，他们要的是未来的收益，而不是当下的快感。

在这个世界上，要把一件事情做到极致，其实大部分时候都是很平淡、很枯燥的。高光时刻只有取得阶段性成果的那几秒钟而已。

就像去走戈壁。去之前，你可以说你的内心被一种东西牵引着，你向往苍茫的戈壁。但是，当你真的走在戈壁上的时候，你

即时满足	延迟满足
满足人性 ○	○ 克服人性
赚眼前的钱 ○	○ 博取成长的机会
创造财富 ○	○ 创造价值
玩会儿游戏 ○	○ 学新技术
今天的快感 ○	○ 未来的收益
徒步走不下去 ○	○ 徒步坚持走完

会发现，哪有什么东西在牵引着你。放眼望去，全是沙石。

哪有什么"大漠孤烟直"的意境，更别说什么移步换景了。就算你徒步 5 个小时，景色也一点儿变化都没有。荒无人烟。你所能做的事情，特别枯燥，就是迈完左脚再迈右脚。

在这种时候，如果你懂得延迟满足，坚持长期主义，你就会不断鼓励自己，坚持走下去。

延迟满足，能够让你在日复一日的枯燥中，不至于选择放弃。怎么才能做到延迟满足呢？

当你觉得一件事情完成得特别好，准备见好就收的时候，不妨再等一等，看看后面是不是还藏着什么惊喜。

当一件事情对你很重要，但是你又不想做的时候，不妨告诉自己：我先做 10 分钟试一试，看看会怎么样。

一旦你真的去做了，就会发现，其实它并没有想象中那么痛苦。

不怕犯错

很多人不愿尝试做能力范围之外的事情，有一个原因是：害怕犯错。

他们认为犯错是一件很丢脸的事情，这代表自己的能力不行。但是，能成大事的人，并不会这么想。他们会认为，只要不是什么致命的错误，犯一些小错，反而是值得高兴的事。因为又有机会可以提升自己了。他们会从错误中学习,以便下一次能够做得更好。他们并不害怕别人觉得自己能力不行,反而会大方承认:"是啊,我现在就是能力不行。但只要我不断总结和提升,我总有行的那一天。"

他们懂得:成功,要多从外部找原因,而失败,要多从内部找原因。不怕犯错,善于自省,不断改进。这样的人,没有天花板。

结语   CONCLUSION

拥有强烈的好奇心，决定了你会不断拓展自己认知的边界。

敢于拥抱不确定性，能让你有机会碰到大机会，获得更大的成功。

有更大的目标和想象力，决定了你在面对短期收益的时候，不会故步自封。

延迟满足和极度自律，决定了你在日复一日的枯燥中，有耐心走完全程，不至于中途放弃。

不怕犯错和善于自省，能让你不断升级迭代，成长速度比别人快。

这些就是优秀人士身上的 5 个特质。

REPLAY
➜ 复盘时刻

1 高手和普通人的差别，在90%~99%这一段。这一段的关键词是"极致"。

2 而顶尖高手和高手的差别，在于99%~99.9999%。这一段的关键词是判断力、分寸感和颗粒度。

3 真正的高手，都善于把复杂的事情简单化。

4 只有简单，才能做到专注。只有专注，才能做到极致。简单，才是终极智慧。

5 我们的目的，不仅是为了知道一样东西，更是认知一样东西。

6 如果你对更广阔的海洋有渴望，对自己更强大的能力有信心，就别被恐惧拴住。

7 凡事有交代，件件有着落，事事有回音。

8 在每一件事情上，我都会做到榨干我所能学习的一切东西。

9 总有一天，你做过的那些看似没有用途的事情，会在生命的某一时刻连接在一起，形成一条价值线。

10 你今天必须做别人不愿做的事，明天才能够拥有别人不能拥有的东西。

PART TWO

看透这个世界的本质

找对方法

2

用多元思维看世界

在今天这样一个信息爆炸的时代,每天都有大量新知识涌入我们的大脑,使我们遇到很多认知挑战。因为知识量、信息量巨大,所以到底如何接收和认知这些内容,搭建自己的认知模型,就显得特别重要:你必须有一棵认知"树"。这棵"树",我称为"多元认知模型"。

我们先来看一个例子。

最近有一句话叫作"让听见炮声的人呼唤炮火"。乍一听觉得特别有道理:站在后台的人怎么能指挥战斗呢?他连炮声都听不见,怎么知道炮是从哪里打过来的呢?当然得让前线最能掌握现场信息的人来指挥战斗了!有句古话叫作"将在外,君命有所不受",也是同样道理呀!

"让听见炮声的人呼唤炮火"这句话出自华为的创始人任正非先生。任正非是一位很了不起的企业家,他把华为打造成了一个值得让中国人骄傲的企业。所以任正非先生讲的这句话,部分人会天然地觉得他是对的。

于是你把这句话抄下来,贴在电脑上,随时警醒自己:作为一个管理者，要让听得见炮声的人来指挥战斗！

但是任总还讲过另外一句话，叫作"砍掉高层的手脚、中层的屁股、基层的脑袋"，核心意思是说，高级干部要只留下脑袋来洞察市场、规划战略、运筹帷幄，而不是习惯性地扎到事务性工作中去；砍掉中层干部的屁股，就是要打破部门本位主义；砍掉基层的脑袋，是要求基层员工必须按照流程要求，把事情简单高效地做正确，不需要自作主张，随性发挥。

"砍掉基层的脑袋"？你困惑了……不是说"让听见炮声的人呼唤炮火"吗？前线打仗的可都是基层士兵呀！砍掉了脑袋怎么指挥战斗呢？这是不是矛盾了呢？到底应该相信哪一句呢？

这个世界上有没有一个绝对领先的方法论，是能够压倒其他所有方法论的？有没有哪个物种是占据绝对优势，没有天敌的？

我认为是不存在的。**这个世界是多元的，有很多要素是相互作用、彼此制约的，没有任何一"元"是能够统治这个世界的，所以你要用"多元认知模型"去认识它。**

就像"石头、剪刀、布"这个游戏一样，石头可以砸剪刀，剪刀能够剪布，布又能够包住石头。**这个世界充满了这样的循环，有的时候"东风压倒西风"，而有的时候反过来"西风压倒东风"。**

观点的两面

"多元认知模型"最基本的逻辑是：当你听到一个新观点时，

先试着想一想，它有没有反面的观点，这是第一步。

比如"让听见炮声的人呼唤炮火"这句话，它的反面观点是"不要让听见炮声的人呼唤炮火"。

那第二步是什么？就是思考一下，这个反面观点有没有道理。如果你想来想去，觉得一点儿道理都没有，那就相当于说，这个世界被前一个观点所统治了。

而我们刚才说过了，不存在绝对正确的观点。一个有道理的观点的反面观点，一定也有几分道理。

比如为什么"不要让听见炮声的人呼唤炮火"这个观点也有道理呢？因为基层最重要的是执行力，决策更多需要高层关注。作为基层员工，随着思辨能力和决策能力的提升及经验的丰富，他会慢慢走向高层。所以从分布上，总体来说基层的执行力比决策能力更强，而高层的决策能力比执行力更重要。

为什么有的时候"不要让听见炮声的人呼唤炮火"呢？因为他们可能没有足够的决策能力，没有支撑其做决策的思维框架和判断标准。

华为还流传着这样一个故事：一个华为的基层员工，也就是一个听得见炮声的人，刚进华为没多久就写了一封万言书发给任正非，说在华为观察了几个月之后，觉得有这么多需要改革的地方……任正非批复人力资源部说：看看这个人有没有精神上的疾病，如果有就赶快去治病，如果没有就辞退。

这是为什么呢？很多基层员工都特别想去指挥战斗，但他们并不具备指挥战斗的能力。所以你就能够发现,"不要让听见炮声的人呼唤炮火"这个观点,至少从这个角度看是有道理的。如果你继续思考,还可能想出更多层面的道理来。

所以当你看到一个观点,你很相信它,但同时你要做两件事:第一件事就是找到这个观点的反面,第二件事是找到这个反面观点的道理。当你找到能够支撑反面观点的道理时,你才能更全面地认识这个真实的世界。

```
听到新观点
   ↓
"让听见炮声的人呼唤炮火"
   ↓
找到反面的观点
   ↓
"不要让听见炮声的人呼唤炮火"
   ↓
找到反面观点的道理
   ↓
基层没有足够的决策能力
没有支撑其做决策的思维框架和判断标准
   ↓
更全面地认识世界
```

结语 —— CONCLUSION

    这个世界上没有绝对正确的理论，没有放之四海皆准的道理，也没有能够让一家公司获得成功的完美的管理方法论。

    你接触到任何一个新的观点，任何一个企业家或者管理学者跟你讲的道理，当你觉得恍然大悟、醍醐灌顶的时候，同时要记得立刻去做两件事：第一件事是找到它的反面观点，第二件事是要找到一个能支撑该反面观点的案例或者原因。

    让这两方面的观点同时在你心中扎根，你才会拥有全面的认知，能真正认识这个多元世界。这个认识多元世界的方法论，我们称为"多元认知模型"。

洞察事物本质的能力

很多同学问我,如何提高洞察事物本质的能力?

我说,这个问题非常复杂,一两句话很难说清楚。为了回答这个问题,我甚至专门写了 30 讲的课程。

商业顾问最核心的能力,就是透过现象看本质的洞察力。**除了系统学习,提高洞察事物本质的能力最基本的方法,就是要在日常生活中不断练习。**

怎么练习?我的儿子小米,今年 11 岁。为了帮他养成时刻思考事物本质的习惯,我会经常和他一起探讨一件事情的本质是什么。我举两个例子。

投篮的本质

有一次,我和我的儿子小米打篮球。我投篮比他准。

小米问:为什么?

我说:因为我投篮是往上投,你投篮是往前投。

小米问:这有什么区别?

我说这个区别就在于：往上投，可以把力道控制不准带来的方差，消化在上下的方向；往前投，会把这个方差消化在前后的方向。

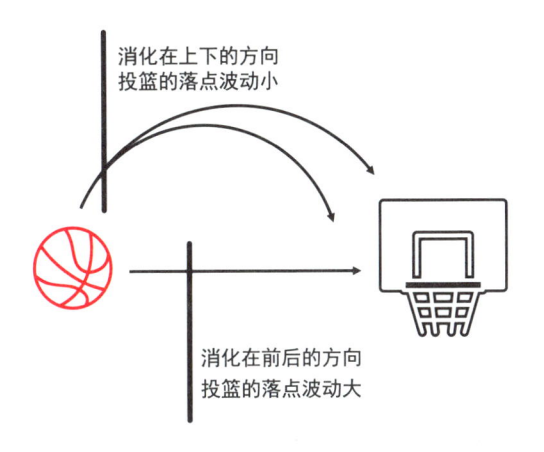

消化在上下的方向
投篮的落点波动小

消化在前后的方向
投篮的落点波动大

什么是方差？

假如 A 班级有 10 个同学，平均身高 1.5 米。有个同学 2 米，有个同学 1 米，有个同学 1.75 米，有个同学 1.25 米，有个同学 1.6 米，有个同学 1.4 米，他们的平均身高依然是 1.5 米。而 B 班级也有 10 个同学，所有同学的身高都是 1.5 米，所以他们的平均身高还是 1.5 米。

A 班级和 B 班级的平均身高都是 1.5 米，哪个班级身高的"质量"更高？

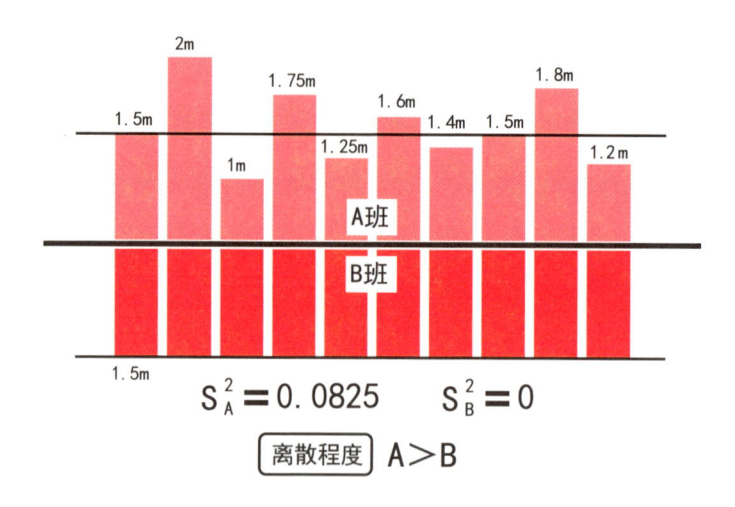

1.5m　2m　1m　1.75m　1.25m　1.6m　1.4m　1.5m　1.8m　1.2m

A班

B班

1.5m

$S_A^2 = 0.0825$　$S_B^2 = 0$

离散程度 A＞B

B班级，因为它的方差更小。

每一个同学的身高和平均数都有个差值。把这个差值平方，加和，再取平均数，就是方差。A班级的方差很大，B班级的方差为0。

具体到工业的例子。

A公司做手机壳。假如手机高度是15厘米。有的手机壳是20厘米，有的手机壳是10厘米，有的手机壳是16厘米，有的手机壳是14厘米，平均还是15厘米。但这样几乎没有一个手机壳可以用。

B公司也做手机壳。所有手机壳都是15厘米，平均还是15厘米，但是每个手机壳都可以使用。A公司的方差很大，B公司的方差为0。所以虽然平均数一样，但B公司手机壳的质量更高。

回到篮球。篮球的初学者，对力道的控制是不准确的，所以方差很大。也就是说，篮球的初学者投篮的质量很低。

那么我们把这个方差消化在上下的方向上，还是消化在前后的方向上呢？消化在上下的方向上，对投篮的落点波动很小。而消化在前后的方向上，对投篮的落点波动很大。所以我尽量往上投。这就是我投篮比儿子投篮准的本质。

往上投，这依然需要大量练习。大量练习之后，一旦能够投中，投中的稳定性就会很高。**稳定，就是质量。**

每一件事情背后都有其逻辑。逻辑对的事情不一定就能成，但是逻辑错的事情几乎成不了。理解每一件事情的逻辑，找到正确的办法，然后刻意练习。

篮球也是一样。尽量往上投，投篮更准，就是这件事情的本质。

方程式的本质

小米刚开始学奥数时，老师从一元一次方程开始讲起。比如，$X+5=8$，求 X 等于多少。

老师教了一个方法：把左边的 5 移动到右边，然后"＋"号变"－"号。

$X + 5 = 8$

$X = 8 - 5$

$X = 3$

老师还教了他们一个口诀：左边移右边，"+"变"−"，"−"变"+"，"×"变"÷"，"÷"变"×"。

于是，小米在做题时一边计算，一边背诵口诀。我就问他，小米，用这些口诀做题会快，但是，你知道它们的原理吗？它们的本质是什么呢？

他说，不知道。他有点儿困惑。

我对小米说，我们做任何一件事，都有三个要素：what（本质）、why（为什么）、how（怎么办）。

口诀只是方法，是"how"，不是本质"what"。老师讲得很好，给出一个容易理解的方法和口诀，是"how"。但如果不了解本质"what"，可能以后很容易就会忘记那些口诀。

我继续说，口诀的本质是这样的：方程的等号意味着两边数值是相等的，那么两个相同的数字同加同减同乘同除，做相同的运算，其结果肯定也是相等的。

小米还是有点儿困惑，又问，为什么这会是本质呢？

于是，我进行了一番解释。我们来看方程式，左边的 X + 5 和右边的 8，是相等的。它们同时进行了一个相同的运算，那就是同时减 5。

$X + 5 - 5 = 8 - 5$

$X = 8 - 5$

所以你看，所谓的 5 从左边移动到了右边，加号变减号，本质上只不过两边做了一个同时减 5 的操作。

WHAT
本质
两边做相同运算

WHY
为什么
两边做了一个同时减5的操作

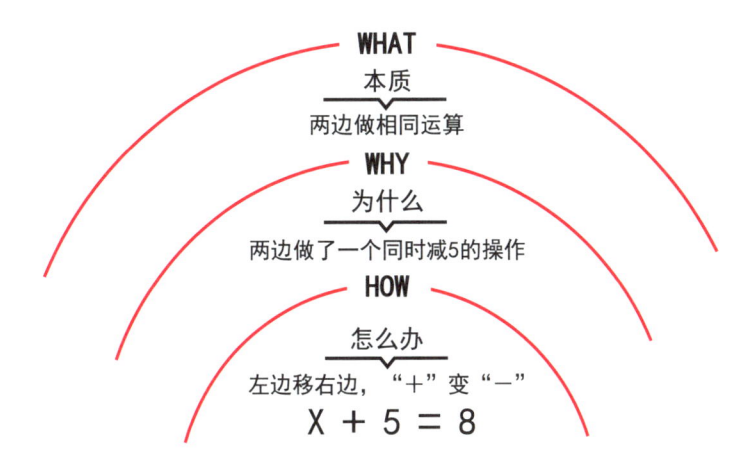

HOW
怎么办
左边移右边，"+"变"−"

$X + 5 = 8$

同样地，再比如，X－5＝8，两边同时加5就变成了：

X－5＋5＝8＋5

X＝8＋5

这时看上去5移动到右边，减号变加号，但本质上是两边进行了一个同加5的运算，结果不变。无论是加减还是乘除，其本质并不是移动，而是两边做相同运算，这就是解方程的本质。

小米听了之后恍然大悟，啊，原来是这么回事呀。

我说：小米，你要记住，方法论只不过是本质推演出来的东西。任何一个问题，你了解了方法论之后，都要争取多问一个为什么。你多问一个为什么，就会往本质多走一层。再问一个为什么，你就会往本质又多走一层。

我和小米进行过很多次关于本质的探讨。慢慢地，他就养成了思考事物本质的习惯。

有一次，小米擦桌子的时候，对我说了一句话。他说："擦"的本质是什么？"擦"的本质，是通过扩大表面积的方式，来提高挥发速度。

这句话也许不完全准确，但是我非常高兴。**因为他眼中看到的世界，已经不仅仅是事物的表象，还有表象背后错综复杂的连接关系。在日常生活中，每一件事情，都值得被思考。这是锻炼洞察力最方便也是最好的机会。在这个过程中，我不是为了让小米得出最正确的结论，而是为了让他养成思考的本能。**

结语 CONCLUSION

每一件事物，都有它的本质。但是大部分人却只能看到表象。

普通人看到的是一只手表，而优秀的人看到的，是手表背后的几百个零件。

普通人看到的是一次合作，而优秀的人看到的，是背后的利益分配、风险转嫁。

普通的人看到的是一个团队，而优秀的人看到的，是团队里错综复杂的责、权、利。

透过表象看本质，是顶尖高手的基本功。

就像那句话说的一样：花半秒钟看透本质的人，和花一辈子都看不清的人，注定拥有截然不同的命运。

想要提高洞察事物本质的能力，最基础的，就是在日常生活中不断练习。

那怎么练习呢？

做任何事情的时候，都要养成一个习惯，思考一下这件事情的本质到底是什么。遇到问题，多问几个为什么。你每多问一个为什么，你就往本质多走了一层。

每一件事情的背后,都有根本的逻辑。逻辑对的事情不一定就能成,但是逻辑错的事情几乎成不了。我们探寻本质,其实就是在寻找那条逻辑对的道路。先找到事物的本质,然后在逻辑对的道路上一路狂奔,才能事半功倍。

从零维到五维的思考

我发现有的人遇到问题,很快就想明白了,有的人需要很久才想明白,也有人可能想不明白。

为什么?因为思考维度不一样。

关于思考维度,我有一些思考,想和你分享。

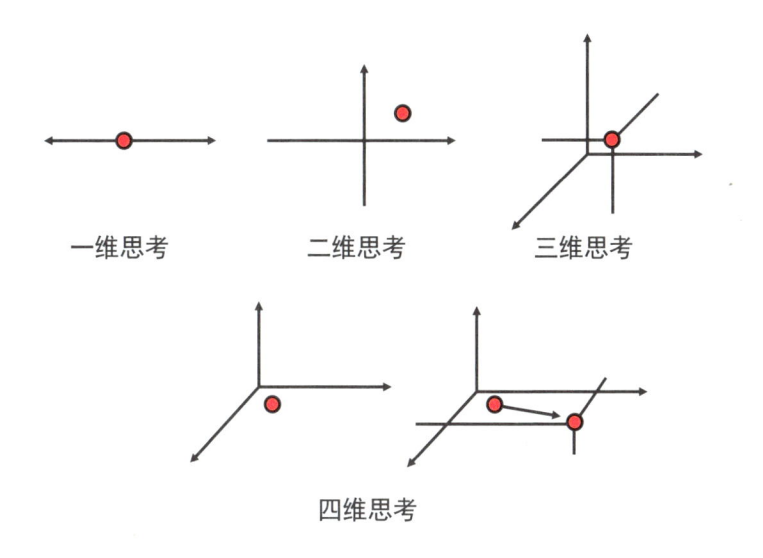

一维思考　　二维思考　　三维思考

四维思考

一维思考

不要用战术的勤奋,掩盖战略的懒惰。

什么是一维思考?

我们先从空间的角度来看,一维空间,就是一条线上的所有点组成的空间。只有长度,没有宽度,也没有深度。

回到思考维度上,一维思考,可以看作基于"线"的思考,它关注的是战略层面。

举个例子。下象棋,就是一个考验战略思考的方法。

你需要考虑下一步该怎么走,你的每一个动作,每一个战术,都会影响到最后的结果。

你要根据对方的行为,判断他的战略是什么,并做出相应的调整。

但在棋盘上,一旦你找到了合适的路,你只能前进或后退。

作为战略顾问,我的工作,就是帮企业找到合适的路。

一旦找到了这条路,你就带着员工前进,在这条路上,你只有前进和后退两种选择。

这就是一维的战略思考。你会发现,零维思考这个点上,想不明白的问题,到了一维思考这条线上,似乎没那么复杂了。

不过,一维思考,也仅限于线性的战略层面,如果要跳出"线"的思考,你需要继续升级。

找到合适的路

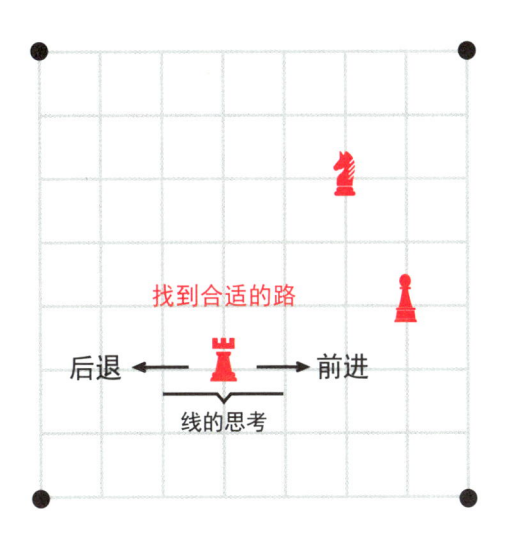

后退 ← ♖ → 前进

线的思考

二维思考

优秀的商业模式，都创造了全局性增量。

在拥有了一条线，也就是拥有了一维空间后，如何升级到二维呢？

可以再画一条线，穿过原先的那条线，就构成了二维空间。二维思考，就是基于"面"的思考，是从战略到商业模式的思考。

有一次我去广东出差，下了飞机后，司机来接我去佛山。但是遇到了堵车，我特别着急，因为活动马上就要开始了。

我跟司机说：要不试试别的路？但我又担心别的路也堵车。

这时候，我就在想，如果我能飞起来，看到整个路况，看明白之后，再根据实际情况选择走哪条路该多好。

所以，战略是线性的思考，而商业模式看的是全局。战略的选择，要结合商业模式层面的思考。

我非常喜欢北大魏炜教授的一个定义，他说商业模式就是利益相关者的交易结构。

什么是利益相关者？什么叫交易结构？

利益相关者，是和企业经营行为有联系的群体和个人，比如股东、员工、客户、供应商等。

如果你画一张图，就能发现这些人是相互联系的。

如果你能从这张图中，看出每条线之间的关系，你就会知道，移动哪条线会影响到其他的线，也知道怎么移，才能令这张图更井然有序。

这也就意味着，在制定一维战略时，要站在二维商业模式的层面去思考，才能制定出更好的战略。

三维思考

颠覆式创新，让不可能成为可能。

三维思考，是从"平面"升级到"空间"的思考。

从商业的角度来看，如果二维思考注重的是商业模式，三维思考就是一种颠覆式创新。

比如，马车公司的没落，是因为出现了汽车这种颠覆式创新的产品。

比如，功能性手机的衰落，是因为出现了智能手机这种颠覆式创新的产品。

比如，短信的失宠，是因为出现了微信这种更便捷的产品。

在商业世界里，三维思考，可以跳出事物本身，用更宏大的视角看问题。所以，通常会有一些颠覆式的创新。

讲个故事。

有一家图书馆新建了一栋漂亮的楼，准备整体搬迁过去，但整体搬迁的费用很高。

怎么用尽可能少的钱，把海量的书，搬到新馆去？

大家想了各种搬书的办法，都不理想。

这时有位年轻人对馆长说："我来帮你搬，只要整体搬迁费用的一半。"

馆长非常开心，很快就答应了。年轻人不久在报纸上登了一则消息："从即日起，××图书馆免费、无限量向市民借阅图书，条件是从老馆借出，还到新馆去……"

年轻人跳出"搬书"的思维，变成了"还书"，几乎没花钱，就完成了这个看似不可能完成的任务，自己也获得了一笔不菲的酬劳。

如果把这件事看作生意，那这位年轻人通过颠覆式创新，把

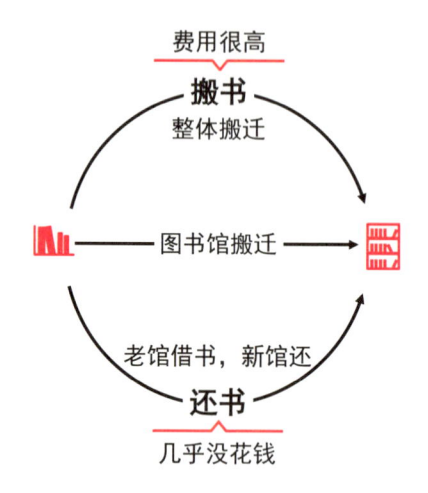

```
         费用很高
         搬书
         整体搬迁

  📚 ——— 图书馆搬迁 ———→ 📚

       老馆借书，新馆还
         还书
        几乎没花钱
```

不可能变成了可能。

四维思考

原因通常不在结果附近。

三维思考，通过颠覆式创新，让不可能成为可能。

但是，你要透过现象看到本质，还需要增加时间维度。四维思考，就是三维思考＋时间维度。

举个例子。

桌上有一个苹果。

二维思考，看到的是一个面；三维思考，看到的是整个苹果；

四维思考，知道苹果现在的样子，也知道它是由一棵幼苗，经过多年长成现在的样子，而且还能推测出，它即将变成什么样。

四维思考，就是在三维的基础上，增加了时间维度，不仅能看到全局，还能沿着时间线，探寻到过去和未来。

也就是我们常说的，原因通常不在结果附近。

所以，我们要警惕一件事，**不要盲目去学习别人成功后的行为。**

比如你现在看到一家公司很成功，就去学习它现在的经营和管理方法。但这家公司今天之所以成功，很有可能是过去做对了很多事情。你要学习的是，在它和你体量差不多的时候，做对了什么。

举个例子。

2020年，宝龙集团的数据依旧非常不错。我就问他们是怎么做到的。难道有什么点石成金的方法不成？

他们说，这是因为宝龙在过去2~3年，一直在运营自己的App，勤勤恳恳地把线下用户迁移到App里，有百万以上的规模吧。受外部环境的影响，线下零售受到重创，只好在微信小程序里做直播带货。

没想到的是，直播销量，居然比线下实体商业平常的销量高了7倍。

我明白了，原来直播带货的良好发展态势，是过去2~3年勤奋耕耘的结果。从思考维度来看，这就是我们说的远见，三维思

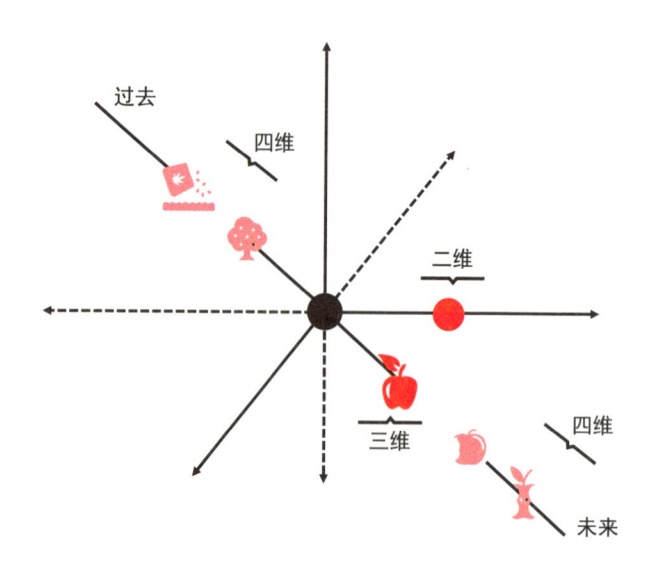

考+时间维度。

但是，远见一定会带来好的结果吗？也不一定。

为什么？因为影响最终结果的，除了行为，还有概率。

五维思考

正确的事情反复做。

你可能听说过这样一句话——"永远都要向有结果的人学习，因为结果不撒谎。"

但这句话其实是有问题的。

什么时间做对了什么
↑
正确的事　成事在天
●

结果=行为×概率

↓
谋事在人　反复做
↓
成功概率 ← 微观 { 概率+ } 宏观 → 好运气

为什么？因为，结果＝行为 × 概率。

五维思考，就是在四维思考的基础上，增加了概率。

永远向有结果的人学习，学习的是行为，却没有考虑到概率。

我有个客户，请我帮他梳理商业模式。于是，我们从行业趋势，到团队能力，聊了一个多小时。他越聊越清晰，越聊越兴奋，越聊越有信心。

快结束时，我说："好的，那下面，就交给运气吧。"

他一愣："为什么还要交给运气？还有我们没考虑到的因素吗？"

所谓的运气，也就是你要坚持正确的事情反复做，不断增加成功的概率。微观世界的概率叠加概率，概率嵌套概率，到了宏观世界，就被叫作"运气"。

为什么我们常说"谋事在人，成事在天"？这一次天没有帮你，只是因为概率没有降临。

你只要坚持"正确的事情重复做"，天不帮你，概率也会帮你。

结语   CONCLUSION

很多时候，你站的维度不同，解决问题的方式也不同。

一维思考这条"线"上，想不明白的事，到二维思考这个"平面"上，就没那么复杂了。

在二维思考这个"平面"上看不清的问题，在三维"空间"里，就会看得很清晰。

有时候，看起来似乎没有路了，突然一个颠覆式创新，又柳暗花明了。

因为三维思考的颠覆式创新，可以让不可能成为可能。

有时候，同样的管理方法，在有些公司效果很好，在有些公司效果则很不理想。

这时候，你要明白原因通常不在结果附近。这家公司取得的效果好，很有可能是其在很多年前做对了一件事。

一个好的商业模式，对一个好的战略来说是降维打击。

但是，再好的商业模式，也只有等待上帝掷完骰子，才能知道结果。

祝福你，不断升维，站得更高，看得更远。

打破自己的认知盲区

未来的优势,都是认知的优势。未来的竞争,都是认知的竞争。

本质思维

前些日子,在进化岛社群,有同学向我提问:"润总,什么是方法论?什么是本质?"熟悉我的同学都知道,我是个有着15年驾龄的老司机。

我学开车的时候,教练教我踩离合、换挡、控制油门、刹车、转向。一开始,确实不太容易掌握,但是随着不断练习,越来越熟练。今天,不管多难停的车位,我都能一次倒车入位。不管在中国还是美国,我开车都非常自如,游刃有余。

那么,开了15年的车,甚至很擅长开车的我,可以说自己很懂车吗?并不能。有一次,我的车因为一个小故障在路上抛锚,我只好打电话求助。工程师来了之后,稍微摆弄一下就好了。我还很有求知欲地问,到底出了什么问题。他耐心解释半天,我也耐心听了半天,最后完全听不懂,心想:算了,我会开车就行。

我懂的不是"车",而是"开车"。同样的道理,比如你在零售业工作了15年,就真的懂这个行业吗?未必。

很多人懂的仅仅是如何按照固定的零售逻辑"开车",即便再有经验,他们懂的也不是零售这辆"车"本身。而在零售这辆"车"遇到故障的时候,即商业世界发生变革的时候,理解这辆"车"本身,就显得极其重要,即所谓的"本质思维"。

人特别容易陷入认知盲区中,以为自己已经懂了。但很多时候,你不懂的东西不会毁了你,你自以为懂实际不懂的东西才会毁了你。

比如我们总是听到"中层无用论"。高层特别喜欢说中层无用,认为中层降低组织效率;中层特别喜欢说基层无能,认为基层不能使命必达;基层可能反而会觉得是大将无能,累死三军。高层

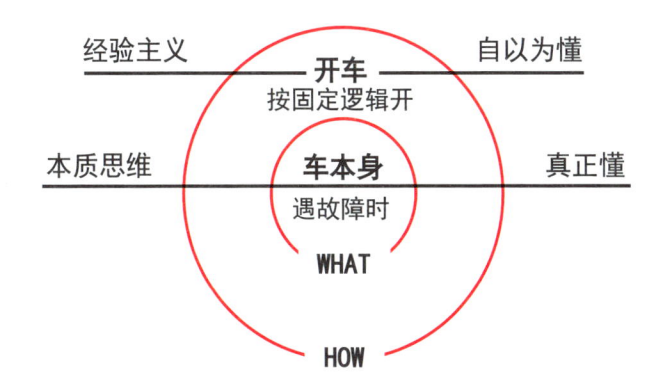

经验主义	开车 按固定逻辑开	自以为懂
本质思维	车本身 遇故障时 WHAT HOW	真正懂

很大的问题，是意识不到自己有问题。很多小型企业倒闭，认为是自己市场能力不行，其实是产品不行。产品合格则足以保证公司活下来，市场能力是解决发展问题的。很多中型企业无法成长，认为是自己市场能力不行，其实是管理能力欠缺。

管理能力强，则能保证公司有调整和突破的能力。

你以为你以为的真的是你以为的吗？我很喜欢一个词：敬畏。对创业，对战略，对产品，对管理，对执行，都怀有一颗敬畏之心。敬畏意味着认真。很多人都败在思想上不够敬畏，行为上不够认真。

"我也可以啊！""这有什么难的呢？""找几个人做一下就行了嘛！""他有什么了不起的！""已经差不多了。"……一个人过往的成功越耀眼，光环下的阴影面积就越大，固有认知通道就越顽固。同时，认知盲区也就越多。

认知的三种层级

你注意不到的地方，你不知道自己不知道的，就是盲区。

有一个故事，说的是一个听力有障碍的人看见别人放鞭炮，惊讶地说："怎么好好的一个花纸卷，说散就散了？"

这个故事说明，有些时候，不是因为我们观察不细致，而是因为我们缺少某些维度的感官，导致自己看不到这个世界更多的真相。

认知层级，从低级到高级，可以简单分为 3 级。

1. 一元思维模式

以自我为中心，几乎听不进其他声音，和外界思维无法兼容，无法交流。

特点是：擅长使锤子的人，容易把什么东西都看成钉子。自己认为对的，就是对的，其他都是错的。

2. 二元思维模式

能兼容两种不同的观点和不同的人，具备基本的逻辑思维和同理心。

特点是：虽然不同意对方的观点，但是表示尊重。既能够和喜欢的人相处，也能够和厌恶的人协作共事。并不需要通过赢过别人来获得逻辑自洽。

3. 多元思维模式

这个层级的人，能够兼容外界所有的思想和观点，可以快速取其精华，去其糟粕，并随时提炼使用。

特点是：他们的大脑就像一个净化黑洞，虚极静笃，源源不断地提纯吸收和消化外界的海量信息。

不同的认知层级，都有着面积不同的认知盲区。认知越固化，就越难看见自己的盲区。

有一次和一个投资人聊天，聊对他投资的两个项目的看法。我分享了一些自己的观点。聊着聊着，聊到"从0到1，从1到N"。我对这个说法，一直有自己的看法。我认为现实情况是"从0到10，从10到1，再从1到N"。

"从0到1"指的是创新，"从1到N"指的是复制。但是"1"一定可以复制吗？

小张"从0到1"开了一家健身房，很成功，想复制。一复制就失败。第一家健身房成功，是因为老板鞠躬尽瘁，选址有优势。这两个"1"，都无法复制成"N"。

小张"从0到10"，开了10家店后，做了10件事后，才慢慢提炼出那个真正可复制的能力内核，可复制的那个"1"。

"从10到1"，是"提炼可复制的能力内核"的过程。然后，你才能"从1到N"，复制自己。所以，不是"从0到1，从1到N"，

一元思维	以自我为中心
	认为自己就是对的，其他都是错的
二元思维	兼容两种不同观点
	具备基本逻辑和同理心，无须通过赢来逻辑自洽
多元思维	兼容外界所有思想和观点
	快速取其精华去其糟粕，随时提炼使用

而是"从0到10，从10到1，再从1到N"。那个可复制的能力内核，才是本质。

不是老板鞠躬尽瘁，也不是因为选址有优势，更不是员工热情的服务。这些都是起作用的因素，但不是核心。

不要被方法论蒙蔽了双眼，以为眼见的世界，就是真实的世界。

对于一只从小生活在苹果里的虫子来说，世界是由苹果构成的，苹果之外都是盲区。但是，苹果就是真实世界的大小吗？你非常清楚，并不是。

真实世界远比一个苹果大得多，也复杂得多。我们所认识的世界并不是世界本来的面目，只是我们认识中的世界而已。

如果你确信你看到的就是绝对正确的，别人不管说什么都是错误的，那么，你根本就没有办法接受对方的任何解释，永远无法完整地看到事物的整体。随后，陷入认知盲区之中，痛苦焦虑，在盲区迷宫中反复兜圈子。那么，如何打破认知盲区呢？

打破认知盲区的正确方式

想要打破认知盲区，可以从下面3点开始。

1. 打开自己，学会客观辩证地看待问题

如果你在生活中留心观察，会发现有的人在自己的观点遭到别人的反对之后，其第一个念头不是思考对方的观点是否合理，而是本能地反驳对方的观点，甚至加以讽刺，采取人身攻击的手段，来维护自己的立场。

我们在接受观念时，会自动屏蔽或者抗拒与以往认知不同的观点，以至于无法更新自己的认知。

人在面对未知的时候，都会有一种不安和恐惧，并会因此采用防御姿态，甚至主动攻击。

如何改变这种状况呢？要让自己变得越来越客观。

当你客观起来时，你就会打开自己的内心。

当你打开内心时，你就有机会接收不一样的观点。

当你接收到不一样的观点时，你就能充分发挥自己的归纳和演绎能力。

如果你不客观，就接收不到外在的信息。

如果你接收不到外在的信息，再聪明也无法进化。

2. 多人之镜，改变环境

张小龙在《微信背后的产品观》里说道："人是环境的反应器。""我们想的任何东西，都是受外界刺激的，有时觉得这是一件很悲哀的事情。"

我们的认知和思维，很大程度上是由所处的环境和圈子决定

的。在同一个环境和圈子里面待久了,你的认知就极易被固化,被环境同化。

你会慢慢意识不到,这个世界上,还可以有其他怎样的可能性。人们无法通过已有的认知来突破盲区,因为过去的经验、过去的认知已经局限了他们的观念。

打破认知盲区,一般都是自我主动,并借助外力才得以实现。所以,你只有改变环境(包括生活环境、交往环境、人际圈子等),从多个高手那里获取新的认识(包括新观点、新思路),反思自己的问题所在,包容吸收外界的不同意见,内部和外部融洽了,才有可能产生新的认知,打破已有的局限观念。

3. 不偏不倚的自我认知

如果随机调查 100 家正在转型的公司,80 家以上会认为:

①说起产品,我们好于多数公司;
②一路走来,我们克服了多数公司无法想象的困难;
③提到转型,我们的状况要比多数公司复杂。

多数人认为自己属于少数人,多数人认为自己不是普通人。不偏不倚的自我认知,是转型的起点。

对于个体而言,同样如此。有一次我受出版社邀请,给一位作者的新书写中文版序言参考。看到一张图,觉得很值得与大家分享。

认知升级
改变环境→新认知

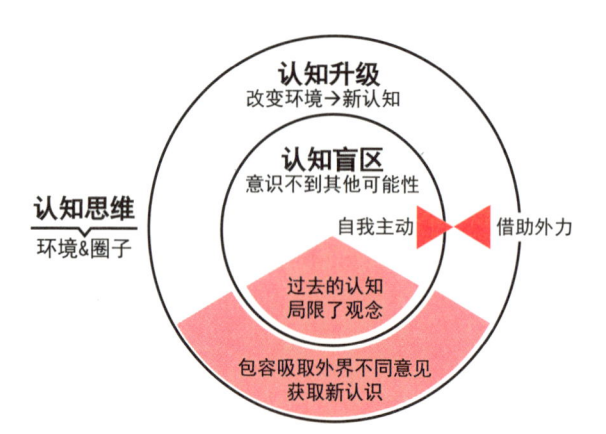

认知盲区
意识不到其他可能性

自我主动 ▶◀ 借助外力

过去的认知
局限了观念

包容吸取外界不同意见
获取新认识

认知思维
环境&圈子

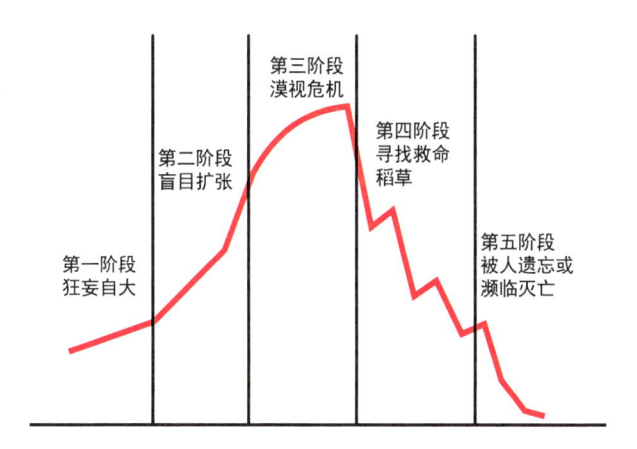

第一阶段 狂妄自大
第二阶段 盲目扩张
第三阶段 漠视危机
第四阶段 寻找救命稻草
第五阶段 被人遗忘或濒临灭亡

简单来说，前三点是：被成功蒙蔽眼睛，无视风险，觉得自己可以"胜天半子"；后两点是：仓皇之下，溃不成军，但还心存侥幸。

再简单来说，一句话：你在商业世界里，就是一叶孤舟，升到浪尖是船的原因，但更重要的是浪的原因。

有的人成功了，很多时候是因为他踩到了趋势的大潮上。如果真成功了，也得掂量掂量自己。如果你的高度是一米七，这个浪潮的高度可能有一百米。这一波浪潮起来，所有的浪都已经到了这个高度。

你可能是先知先觉踩到了这波浪潮上,有的人是后知后觉,无意中踩到的。无论如何,真的到了那个浪尖的时候,你应该搞明白,哪些是你的能力,哪些是机遇。有时候人不容易想明白这些事,很多公司做到一定规模就会犯错误,很难清醒。

还有很多人在没有浪的地方非常痛苦地使蛮力,他的能力可能不差,只是没放在浪尖上去冲浪。

小成靠努力,大成靠趋势。成大事者,必须先有不偏不倚的自我认知。

结语 CONCLUSION

在进化岛社群，我对同学们说：未来的优势，都是认知的优势；未来的竞争，都是认知的竞争。

同一件事情，你站在不同角度、高度、立场，就会有不同的观点。

很多问题，在 CEO 的位置，本质上是取舍问题、优先级问题。先做这个，还是先做那个？为了谁，而牺牲谁？重视什么，搁置什么？

但这些问题对中层来说，就变成了能力问题。怎么做？能做到什么程度？流程怎么优化？团队怎么激励？

而到了底层，就变成了资源问题、体制问题、使不上力的问题，甚至是态度问题。

人与人之间的差距，在不同的高度和不同的角度，开始逐渐显现分野。

在马车进化到汽车的时候，如果你说，看来轮子很重要，我们在马掌上装轮子行不行？

这显然非常不现实。你为什么不能用汽车？是因为你有马，你不想把马扔掉,你舍不得。

所以一定要先跳出来,扔掉价值观,再重新冲回去。人与人之间的差距,在于思维视角的不同。

今天你拥有的,可能恰恰是阻碍你往前走的包袱。

今天你焦虑的,可能恰恰是高度和思维视角问题。

一个人过往的成功越耀眼,光环下的阴影面积就越大,固有认知通道就越顽固。

小心你的认知盲区。

搭建人生进化系统

老喻，一个极致的践行者，一个孤独的思考者。20岁就在大学创业；1995年毕业后没有选择包分配，而是孤身前往广州；2003年开始房地产开发；2006年和以色列上市集团成立地产合资公司，2008年把其中一块业务卖给纽交所的上市公司；2010年，全家移民加拿大。

而他的公众号"孤独大脑"，也经常探索关于人生的深度难题，成为思想的盛宴和迷宫。在许多人眼里，他是所谓的成功人士。但他却说，自己更喜欢"践行者＋思考者"的人生体验。对于时代的浪潮，既愿意投身其中，又谨慎地保持一定距离。关于成功，他只是更乐于探索和分享罢了。

最近听说他被邀请在得到开了一门新课，名字就叫《人生算法》，要和你一起探索属于你的核心算法。我很感兴趣，他这套算法，如何能让人跨越出身、智商、背景、运气，过好自己这一生？这不是成功学，**而是成功背后的科学方法论**。

0→0.1→1→10→1→N

什么决定了人的成功？我问老喻，在人生的一系列算法中，哪一个决定了人能否成功？答案是：**找到可复制的能力内核**。很多人成功靠的是运气，不是实力。运气消耗光了，成功也就走远了。原因是没有找到自己的核心竞争力，没能复制自己的核心竞争力。老喻说这个内核有两个特点，特别重要：**第一是内核要足够简单，这样才可以大规模复制；第二是内核要能构建成系统，像种子一样生根、发芽、开花、结果，这样才有生命力和抵抗力，不会被复制，不会太容易被别人抄走。**

他举了一个例子，海底捞。一家能把普普通通的火锅店做到上市的企业，背后一定有它自己的内核。海底捞的内核是什么？你可能会说是它的服务。是你要求打包一片西瓜，服务员给你打包一整个西瓜的热情；是你在排队等位时，服务员会主动为你做美甲的惊喜；是你一个人独自用餐，会在你对面摆放一只玩具熊的体贴……是的，服务态度好是海底捞的核心竞争力。可是为什么许多店学海底捞的极致服务，学着学着就学"死"了呢？

海底捞你学不会，真正让你学不会的，是它的系统能力。很多人忽略了一个关键问题，海底捞做的是火锅生意。火锅是大众都爱吃的，有很多顾客。不仅是很多顾客，还是很多回头客。而且火锅有办法解决中餐最大的问题——不能标准化。中餐讲究手感，做菜时油温要八成热，放盐要少许……可是多热叫八成热？

多少才是少许？受这个因素影响，所以中餐店非常依赖厨师的水平，很难实现大规模复制开店。但是海底捞解决了这个问题。它用标准化的底料实现了对味道的品控，又用中央厨房提高运营效率，保证菜品新鲜，还构建了一整套数字化管理系统。

海底捞选择可复制的品类，还有可复制的标准化运营，加上能构建成系统的服务，形成了其真正的能力内核。你走进任何一家海底捞，味道都是一样的好吃，服务都是一样的极致。海底捞这条深深的护城河，别人学不来，也抄不走。

我很赞同老喻关于"可复制能力内核"的看法。其实我也有一个类似的观点，也是很多人经常问我的问题，如何实现从0到1，从1到N？我觉得这个问题实际就是在问：如何摆脱运气的影响，一步步走向成功？**但是成功不是从0到1，从1到N，真正的完整路径是：0 → 0.1 → 1 → 10 → 1 → N。**

为什么？

每个人都有灵光乍现的时候，发现一个未被满足的需求，找到一个未被解决的痛点，这时创新的火焰被点燃。这就像上帝突然摸了摸你的头，未来一下子撞进你的眼睛里，起心动念的瞬间变成喷涌而出的灵感。

成功的万里长征，终于走出第一步。这是从0到0.1的跨越。为什么只是0.1？因为这只是想法。能把想法变成产品，才会实现0.1到1的跨越。有了成熟的产品，就来到老喻所说的寻找"可复制的能力内核"阶段，把一次成功复制成多次成功。这个阶段，是从 1 到 10。

啊？不是从 1 到 N 吗，怎么才到 10？

不仅不是从 1 到 10，而且我要告诉你，下一个阶段，要从 10 退回到 1。因为要去验证这个可复制的能力内核是否正确，要小范围地试错。一把就能成功的，是天才。但绝大多数人都只是普通人，试错才是最保险、稳妥的策略。从 10 退回到 1，是在对比中提炼总结，找到真正的可复制性。这个阶段，在通往成功的路上尤为重要。如果找错了，复制得越多，死得越快。恰恰是进一步万丈深渊，退一步海阔天空。

当我们费尽周折，终于找到"1"的能力内核时，终于可以四散开花，像细胞分裂一样，从 1 到 N。借助资本杠杆、团队杠杆等工具，一路狂奔。所以从 0 → 0.1 → 1 → 10 → 1 → N，才是从 0 到 1，从 1 到 N 的完整路径。"可复制的能力内核"和"从 0 到 1，从 1 到 N"，都是成功路上的方法论。成功如果都靠运气，那么就过得太业余了。**高手，连成功都有套路。**

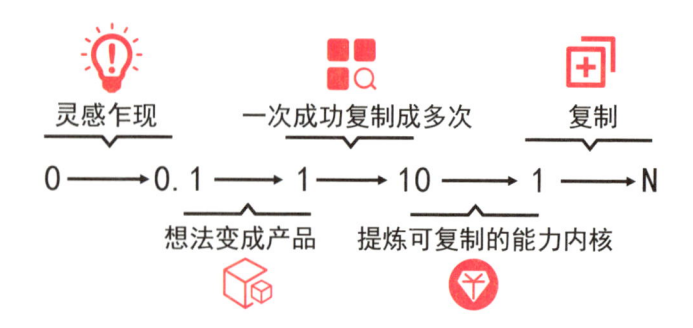

灵感乍现	一次成功复制成多次	复制
0 → 0.1 → 1 → 10 → 1 → N
	想法变成产品　　提炼可复制的能力内核	

可复制的能力内核

我问老喻,既然成功有模型,那在如此多的模型中,哪一种更有效?其实我更想问的是,你的成功模型和查理·芒格的多元思维模型以及瑞·达利欧的原则,有什么不同?只看他们的模型,可以吗?

老喻告诉我,芒格和达利欧的模型,是一种平行关系。一次性把所有招法平铺在你的面前,你需要什么就拿走。而他自己的模型,是一种上下关系,是逐渐进阶的过程。**他搭建的个人进化系统,类似于围棋里的段位制,让人一步步从初段小白成长为九段高手。**

我很好奇,为什么要这样设计?他说不管是芒格的模型,还是达利欧的原则,其实都有一个隐含的基本前提假设——学习者是一个成熟的个体。他们假设你是一个理性的人,你是一个能独立思考的人,你是有了足够基础准备的人。你已经有了一套自己的思考系统,他们能帮助你打磨得更高效,让你提升到更高的段位。

他们是让你从 60 分提升到 90 分,从优秀走向极致。但很遗憾的是,我们绝大多数人,目前还是非理性的,是盲从的,是还没有做足准备的。

我们不是 60 分,我们可能是不及格。如何独立思考,在我们的教育中实际上是缺失的一个模块。大众也是相对没有实践经验的大众。在过去40年，我们虽然取得突飞猛进的发展，但基本上还是属于机会导向，是红利，是机遇，是运气。我们可能从没认真思考过关于系统的事情。这也是为什么，有人看完芒格和达利欧的书，觉得特别好，很有道理，但就是用不上，不知道怎么用。

这不是他们写得不好，而是我们没有准备好。假如说我们享受的是思维模型的知识火锅盛宴，这两人提供的就是一盘盘特别好的菜，这些菜很好吃，很有营养。但是，等你要吃的时候，竟然发现，餐桌上连一口锅都没有。我们连锅底都没有，就想要吃火锅，想来是特别好笑的。

他们的智慧，是散落的珍珠，他们默认我们手上拿着一根线，自己能穿成精美的项链。但实际上，我们绝大多数人都两手空空。老喻说自己想做的，是先帮助大家建立一套系统思维和能力，找到那根线。自助火锅等以后再吃，先吃一顿安排好的大餐吧。先来个冷碟，然后是浓汤，再上个主菜，最后是甜点。一步一步，一点儿一点儿进阶。

老喻还说，当我们有了独立思考的能力，就会对这两人的内容有更深刻的理解。因为我们会发现，自己原来的理解是错误的。他们更多的不是教我们如何成功，他们是教我们怎样防止失败。以芒格作为例子吧。芒格实际上是一个科学主义者。科学主义者有一个非常重要的思维特点，就是证伪思维。

大家会觉得他的多元思考模型是很多很多兵器，我们不断充实自己，从头到脚，一直武装到自己的牙齿。但实际上，他的思维模型是用来证伪的。这些思维模型不是为了支持你的决策，是为了打击你的决策。当我们做一个决策时，如果用芒格的思维工具来找支撑，那可能就用错了。他是要你来证伪自己，这些模型是检查清单，你一项一项对照自己是不是哪里可能做错了。

这么多模型，是这么多不同的切面，一刀一刀切下去，最终切割成一颗漂亮的钻石。但前提是，你手里本来就要有一颗钻石。老喻说自己想尝试的，就是先帮大家找到属于自己的钻石。

感知—认知—决策—行动

我问老喻，既然成功有方法论，形成系统的思维那么重要，我们要怎么训练？从哪里开始？

他告诉我，拆解到最小单元，从最简单的闭环开始。就像我们观察生物时，不能用肉眼看，要用显微镜看，层层拆解，看到细胞的纹理和切片，甚至要研究到 DNA 的层面，才能对本质有理解。

怎样算是研究到本质？老喻说自己在加拿大学习高尔夫时，教练不仅仅是教他最基本的动作，帮助他练习，更是把他击球的动作都录了下来，然后用软件一个画面一个画面地进行分析。分解到最微小的每个动作，针对性地训练和提高。那么在成功道路上，拆解到最微小又最有效的成长闭环是什么？他告诉我，是感知—认知—决策—行动。

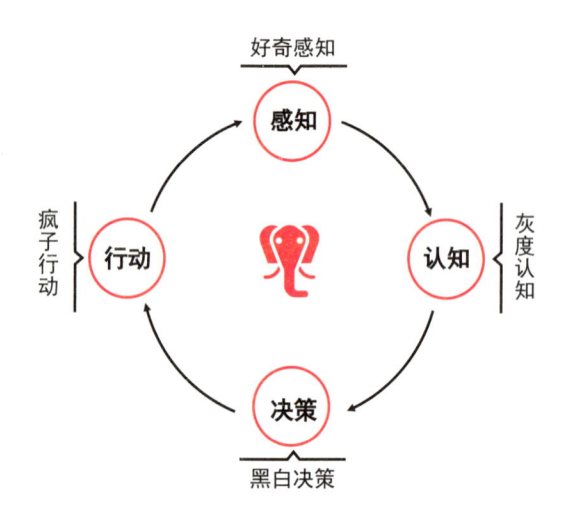

```
            好奇感知
              感知
    疯子              灰度
    行动   行动   认知  认知
              决策
            黑白决策
```

在《人生算法》课程中，老喻这样形容这四个环节：第一环节是感知。当一件事情发生的时候，你首先要从外界去获取信息，这时你要充满好奇心。第二环节是认知。你要把各种可能性都罗列出来，评估每种可能性发生的概率。这时你要能保持灰度，接受各种不同的观点，哪怕是你不喜欢的。第三环节是决策。你必须做出黑白分明的选择。即使你没有把握，也要发出清晰的指令。第四环节是行动。你变成了一个坚定的执行者，就像闯进了瓷器

店的大象，要勇往直前地完成任务。这是从感知到行动最微小、最完整的闭环。

就像生物的细胞和DNA一样，它很小，很不起眼儿，很容易被忽略。但就是这样最基础、最原始的单位，构成了人庞大的躯体。一个个小闭环，随着时间不断累积、堆叠，构成了我们整个人生。

我很同意老喻的观点。很多人常常由于一个闭环没有做好，就开始暴躁、失望。因为决定做某件事情的时候心里预设了结果，而没有达到时就会很恼火。可是他们忘记了，人生是一系列的决策过程，只做对一道题没有用，要有能力去应对人生一系列的复杂难题。**一次完美，换不回人生的成功。次次完成，才有机会迎来人生的圆满**。这也是为什么我们常说，完成比完美更重要。

向下挖到最深，从认知到行动，完成一个闭环，复盘，再完成一个闭环，一环套一环，迎来螺旋式的上升。老喻把这个闭环总结为"好奇感知""灰度认知""黑白决策""疯子行动"。成功的跃迁和升级，就藏在小小的闭环里。

增长和复利

当我们了解成功有方法论，也搭建了自己的系统，日日不断地训练之后，要怎么应用到实际生活中，指导个人和企业的成长？当我们一无所有，白手起家的时候，什么东西最重要？

老喻说，回到最开始的问题，找到自己的内核最重要。他说自己当年在广州时，接触到一个朋友。这人中学都没毕业，就跑去广州打工。由于自身条件的限制，找个工作挺难的，三番五次碰壁之后，好不容易找到了工作，或者说在很多人看来，甚至不能算是一份工作，只是有点儿活儿干而已——打电话拉广告。

这是一件特别无聊、枯燥还受气的事，好声好气地问候，经常被别人粗暴地挂断，有时还被恶语相向。但这位老兄的长处就是特别有耐心，钝感力特别强，一个电话不行再打一个电话。他曾经把电话打错了，打过去那个人根本就不是目标客户，对方几乎不可能投放广告。但他还是坚持打了将近大半年的电话，硬生生用固执打动了对方。后来那家公司的老板，还专门请他去给他们的销售做培训，去讲怎样攻坚这种不可能拿下的市场。

过了很久之后再听说这个人，他还是一直聚焦在当初的行业，在专业领域越钻越深，最后竟然成了一家上市公司的总经理。不过他当了总经理之后，最喜欢做的还是当初那件事情——打电话。所以，我深刻感觉到，一个人乐此不疲的地方在哪里，就是他的优势和天赋所在，可能就是他的内核。

一个人的内核，就是他的价值点。我们每个人都在与这个世界做价值交换，一个人的内核，一定就是最不可替代的闪光点。找到内核之后，是增长，是复制，形成只属于自己的复利。

巴菲特老先生对于复利的描述，最深刻也最形象：人生就像滚雪球，重要的是找到很湿的雪和很长的坡。当我们好不容易攒

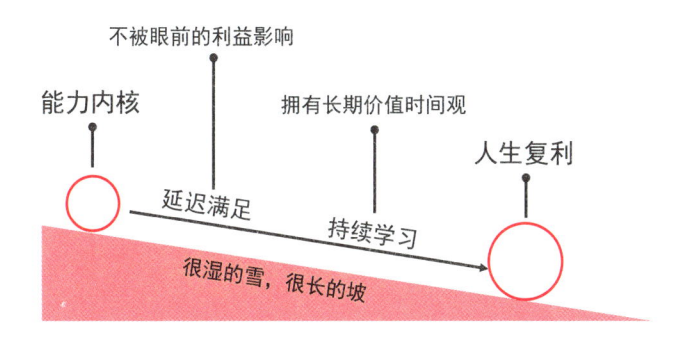

```
能力内核        不被眼前的利益影响
                    拥有长期价值时间观
                                    人生复利
          延迟满足    持续学习
        很湿的雪，很长的坡
```

起一个球后，就要不停往下滚。滚雪球的时候，怎样能不偏离方向？怎样能越滚越大？

老喻说很简单，**延迟满足和持续学习**。但正因为这两点太简单，以至于太多人做不到。延迟满足意味着不被眼前的利益影响，但偏偏很多人贪图蝇头小利，雪球滚到一半就不知道滚到哪里去了。更可怕的是，有些雪球会倒回来滚向自己，最后把自己砸死。持续学习更是一种长期主义，学习就是那条铺满湿湿的雪的长长的坡。能持续学习的人，是有长期价值时间观的人，也是能和时间及概率做朋友的人。

我问老喻，还有吗？企业不可能基业长青，人也很难一直成功，怎么办？涌现，转型。找寻下一个成功。听到这两个词，我深有体会，特别赞同。我是海尔公司的战略顾问，海尔转型时，就用涌现的逻辑，用"生儿育女"的方式，在企业内部推行小微企业的制度。把7万人的庞大组织，去掉1万~2万人的肥肉后，打散成2000多个小的生命体。从此他们不再是大公司的螺丝钉，他们只为自己创业。

海尔找出其中最有潜力的团队，通过资金支持和管理培训等方式提供帮助，好的苗子还能进入加速器，加速孵化和成长。也许张瑞敏有一天会唏嘘不已，怎么会是"他"成功了？真没想到！但这都不重要，海尔这么多子女，哪一个成功，都会是海尔的成功。这就是涌现的战略。涌现的前提，就是系统。用系统之力，涌现未来之美。个人也是一样，涌现的逻辑，就是用"整体战胜局部"。

老喻说成功很难设计，但是系统可以设计。若系统一直壮大发展，终有一天会跨越临界点。跨越，就能跨界。转型，就会成功。走好每一步，走过临界点。成为随机漫步的傻瓜，涌现随机漫步的美丽。

结语　CONCLUSION

　　整个人生算法，就是不断进阶的进化系统。从最简单的闭环开始，在一件件小事上积蓄力量，找到自己的内核，实现增长和复利，滚出自己的雪球，最终涌现出美丽，开花结果。

　　如果有人说你只要努力，就能成功，那这个人几乎说的是"成功学"，是"鸡血"。如果有人说，你要科学地努力，就有机会可以成功，那么说的就是方法论，是科学，是"鸡肉"。

　　方法论如何提高，是真正能获得能量的鸡肉。鸡肉不在汤里，不在血里，更不能有毒。

　　告诉你有梦想就能实现的是鸡汤，告诉你加倍努力的是鸡血，告诉你什么都别管，我的就是最好的是毒鸡汤，告诉你如何进步的才是鸡肉。有一款游戏特别火，就叫"吃鸡"。每个人都想大吉大利，但是在追寻成功的路上，要科学吃鸡。

　　网上还有人说了这么一段话，特别有意思：当你发现有一个人，你说什么他都能够理解，沟通很顺畅，你也很享受那个过程，好像找到了人生伴侣和灵魂伴侣，但你可能只有1%的可能性找到了灵魂伴侣，99%的可能性是你遇到了一个情商和智商都比你高的人，是某种特殊的原因令其对你使用向下兼容。

这段话的意思是，认知的确分了层次和段位，低段位的人常常很难理解高段位的人，高段位的人看低段位的人却清清楚楚，如同透明。

我们每个人都在不断往高段位走。如果三个月之后不觉得自己三个月之前傻得不得了，那意味着自己根本没有成长。

成长，带来成功。

希望每个人都能早日达到九段的高度。那个时候我们再回看过去，会淡然一笑，选择向下兼容之前的自己。

我们也会眺望未来，距离成功越来越近，真正跨越出身、智商、背景、运气，用科学的成功方法论，成为人生的赢家。

六种"人间游戏"的破局之法

11月16日,我的企业家私董会小组(领教工坊的1622小组)有幸请来李松蔚博士,做了一场主题是"人间游戏"的精彩分享。

李松蔚,北京大学临床心理学博士,资深心理咨询师,系统式家庭咨询专家,得到课程《跟李松蔚学心理咨询》主理人。

针对我们在企业管理中可能遇到的很多复杂难题,比如,下属什么事都依赖你;比如,下属推一步动一步,不说不动;比如,下属没有信心,被目标吓到,感觉自己很糟糕;等等。李松蔚老师都把它们通过类比成游戏的方式,给了我们一个有趣、新颖的解决角度。我听后,醍醐灌顶。今天,我就把他列举的6个游戏,也毫无保留地分享给你,期待能给你一些帮助和启发。

什么是游戏

在介绍这6个游戏之前,我们首先要定义一下什么是游戏。著有《人生脚本》《人间游戏》的美国心理学专家艾瑞克·伯恩指出,角色按特定的规则形成互动,就是"游戏"。

我们每个人都身处在游戏之中，每个人总是按照自己被划分的角色做出符合角色期待的行动。而且，我们并不是"成为"某个角色，只是在关系中"扮演"角色，或"习惯于"扮演特定角色。用我们耳熟能详的一句话形容就是：人在江湖，身不由己。

比如，作为一个管理者，你是下属眼中有权力的人，好像很自由，可以任意发号施令。这时，你会由着自己的性子来做事吗？不会的，因为你的一些决策会很大程度影响到这些下属。你要为他们负责。所以，你可能会脱口而出那句：人在江湖，身不由己。

在艾瑞克·伯恩眼中，你是领导者，下属是追随者。这是你们的角色。你们按特定的规则，比如你发号施令，他高效完成；你负责找到正确的事，他负责把事做正确。这就是你们的游戏。

再举个生活中的小例子。去亲戚家做客，热情的长辈反复劝你吃苹果，在你很认真地表示自己不饿，不想吃苹果后，长辈一边说着你别客气，一边把苹果削好皮，最后递到你手里。没办法，你只好接过来吃。

这个事很有趣，也是生活中很常见的一个场景。但这其实也是游戏。在这个游戏中，你扮演了一个懂事的客人角色，那位长辈扮演了一个懂事的主人角色。你们遵循的规则是，都给对方懂事礼貌的印象。

什么是懂事的主人？客人说不要吃，就真不给吃了吗？不是的。那是客人客气，主人要再让一让。如果还不吃，就算了？不是的，要把苹果削了皮递给客人。这才是一个懂事、好客的主人应该做的事。

那懂事的客人呢？因为真不饿，不想吃，主人削了皮你也不接吗？不是的。那太不礼貌了，太不给人家面子了。你只能接过来。这才是一个懂事、懂礼貌的客人应该做的事，即使背负"太客气"的印象。

你看，在这个例子中，主人家是苹果多得吃不完吗？客人是真的太客气了吗？不是的。只不过，他们在这个场景里，在这个游戏中，不由自主地扮演了懂事的主人和懂事的客人的角色。他们也身不由己。

其实生活中还有很多类似的例子。所以，很多时候，我们做的事情，并不是我们一定要做的事。只是你处在那样的一个关系里面，你处在那个角色，你要符合身边其他人对你的期待，有些事，你就不得不做。这些事，就是你角色对应的脚本。

人在江湖，身不由己。我们总是按照自己被划分的角色，做出符合角色期待的行动。所以，企业管理中的一些问题，你认为是某个人的问题，其实可能是关系、角色的问题，是你们所扮演的角色所运行的游戏脚本问题，是你们的游戏出了问题。

接下来，我就列举 6 个在企业管理中常常会出问题的游戏，并告知遇到后，我们应该怎么办，如何打破。一个一个来说。

是的，但是

第一个游戏，Yes，But；是的，但是（YDYB）。
角色：无助者、建议者。

这个游戏的全名是：why don't you do something？ Yes, but... 建议者：你为什么不这样做呢？无助者：对，但是……

什么意思？举个例子。你的一个下属来找你帮助解决问题。在这个游戏里，你是建议者，他是无助者。你给了他一个建议，说，你为什么不试着这样做呢？他回答你，你说得对（Yes），但是（but），这种方法受种种因素的影响，所以是不可行的。

你再给他个建议，他会又告诉你，你说得对，但是，这个方法因为这样那样也不可行。总之，无论你（建议者）提出什么建议，他（无助者）都会先说是的（yes），然后给出这个建议不合适的理由，把你的建议用一些合理的方式给挡（but）回去。

朋友之间也经常会玩这个游戏。好友（无助者）向你（建议者）寻求帮助，你掏心掏肺地把你能想到的办法都告诉他了。他最后还是说："你说得都对（yes），我都试过了，不行的（but）……"

为什么会这样？这事明明是他在负责，你是在帮他啊。因为有研究表明，很多人其实在日常工作、生活中都会去想办法证明自己正处在一个痛苦的状态时，自己没有错。

所以，当别人给出建议时，求助者听到的其实不是建议，而

游戏 1 是的，但是 YDYB

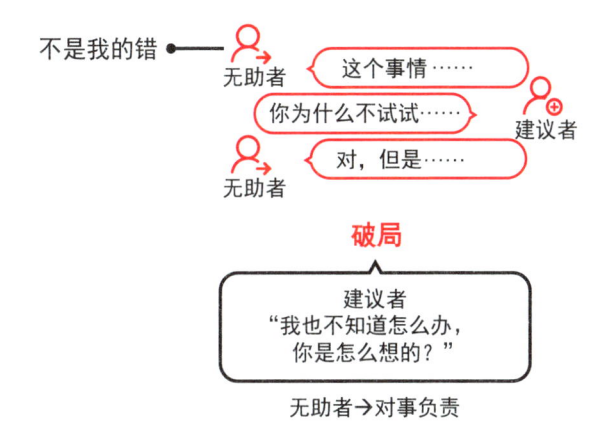

不是我的错 ← 无助者：这个事情……

建议者：你为什么不试试……

无助者：对，但是……

破局

建议者
"我也不知道怎么办，
你是怎么想的？"

无助者 → 对事负责

是那句"你为什么不试试"。求助者听到这句话后,感觉受到了指责,就会证明别人的建议自己试过,没用的。而在求助者的心里,这样就挫败了那个指责自己的人。最后,证明事情没办好,不是自己的错,自己没有责任,自己是一个需要同情、需要照顾、需要安慰的对象。

这就是我们在职场里、生活中非常普遍的一个游戏:Yes, But 游戏。

当然,职场中的求助者(下属)很可能并不是不想负责,只是一旦开启了这个游戏,他们就会不知不觉地按照这个游戏脚本去扮演相应的角色。那遇到这种情况时,你应该怎么办呢?

你应该说:"这件事,我也不知道应该怎么办了,你是怎么想的呢?"如果下属说了他的想法,那你紧接着说:"哦,你还可以这么做?这个我之前都没想过。"这样做了之后,你就打破了这个游戏,下属也就从一个无助者,觉得这事已经没办法完成的角色,慢慢转变回对事情负责的角色。

为什么会这样?因为当你说出"我也不知道应该怎么办了,你是怎么想的呢"这句话的时候,就相当于你把自己放在了一个更低的位置。让下属觉得,针对他负责的事,他比你懂得更多,你想听听他的想法。而不是像最开始那样,试着给下属建议,还会说"你为什么不试试这个方法呢"。这句话会有一点点让下属觉得你比他高明,比他懂得更多的感觉。

所以,当你把位置摆低之后,你就打破了这个游戏,让本来就对这个事了解更多的他，回到负责这个事上来。

逮住你了

第二个游戏：逮住你了（NIGYSOB）。

角色：挑衅者/监察者、受害者。

监察者这个角色的目标就是找出犯错的受害者。为此，他不惜放任或者勾引别人犯错，以完成他的目标。

举个例子。有的领导发现下属犯的一些小错误，可能会造成一些不好的影响，但是他不会及时指出，而是任由事态发展，等到真的造成了一些不好的影响后，他才会出现，然后指出这个过程中你（受害者）都犯了什么错，给人一种"看，我逮到你了吧"的感觉。

生活中这样的情况也很多。家长（监察者）接到老师电话，说孩子（受害者）在学校里犯了什么错误了。于是孩子回家后，家长不直接说和老师通过电话的事，而是问孩子今天在学校怎么样，有没有犯错。然后孩子说，没有。家长的表情会特别暧昧，一副洞察天机的表情，继续追问，真的吗？真的没有吗？千万别撒谎，要做诚实的孩子。

家长实际上在引导孩子犯更大的关于诚实的错误。然后，等孩子确实撒了谎后，家长再告知孩子自己和老师通过电话的真相，

游戏 2　逮住你了 NIGYSOB

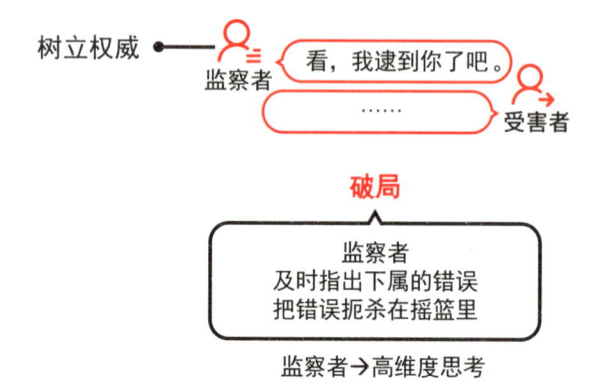

树立权威 —— 监察者：看，我逮到你了吧。
受害者：……

破局

监察者
及时指出下属的错误
把错误扼杀在摇篮里

监察者→高维度思考

揭穿孩子的谎言，给人一种"看，我逮到你了吧"的感觉，然后开始批评教育孩子。这就是"逮住你了"的游戏。

为什么会这样？为什么管理者不及时指出下属的错误，把错误扼杀在摇篮里？因为有些管理者想通过这样的方式，树立自己的权威。抓住了下属的小尾巴，就可以指责、批评下属，证明自己的光明正确。和孩子玩这个游戏的家长，也有这样的心理。

当然，对于管理者、家长（挑衅者/监察者）来说，他们很可能没有意识到这个问题。只是一旦开启了这个游戏，他们就会不知不觉地按照这个游戏脚本去扮演相应的角色。

应该怎么破解这个游戏呢？这就要求管理者、家长（挑衅者/监察者），要从更高的角度去思考这个问题。只要犯了错，虽然不是你的问题，但是，你的下属、孩子（受害者）出问题，不也是你没有管理好的问题吗？

所以，发现有错误苗头，就直接提醒，把自己的担心说出来。而且沟通的时候，坦诚相待，告诉下属、孩子，自己和他们共同面对这个问题，不要给人"你在看笑话，逮到他们犯错，而自己光明正确"的感觉。

这难道不糟糕吗？

第三个游戏：这难道不糟糕吗？（AIA）
角色：迫害者、受害者/控诉者、知己。

这个游戏和前面两个游戏不同的是，这个游戏有三个角色。一个人（迫害者）做了一些糟糕的事，伤害到另一个人（受害者）；但是这个受害者其实不完全只是一个受害者，他会把他受伤害这个事，找另外一个人（知己）去倾诉。这时，他就不是一个受害者了，而是一个控诉者。

举个例子。有个同事（受害者/控诉者）负责的项目没做好，可能是被甲方（迫害者）耽误了，来找你（知己）诉说："我真的很糟糕，一个项目做了大半年，结果还没做好。"你安慰他说："这也不能怪你，我了解你的项目，这是甲方内部的事。"

他接着说："为什么同样的甲方，别人能做好，我却没做好呢？"

你继续安慰他说："你已经尽力了，做了很多努力。"

他说："努力有什么用，这么努力都不行，别人都没怎么费力，还是我太糟糕了。"

在这个游戏里，你要不断地给他正能量，证明他其实还不错。但是，他就像一个无底洞，无论你给他多少正能量，他都照单全收，然后一直控诉下去，说"我很糟糕，我真的很糟糕"。

游戏 3 这难道不糟糕吗 AIA

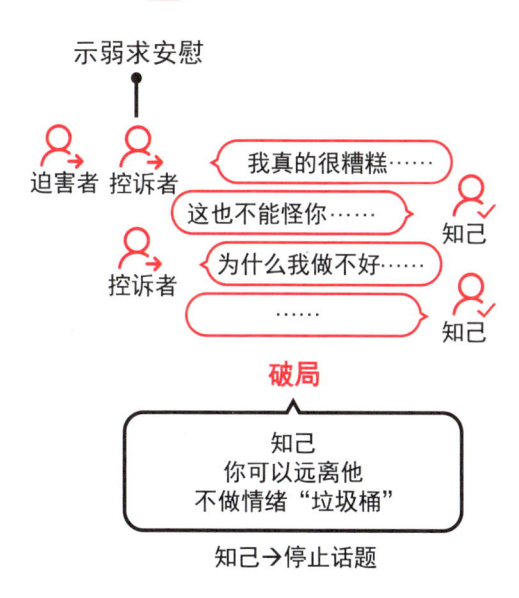

示弱求安慰

迫害者 控诉者
我真的很糟糕…… 知己
这也不能怪你……
控诉者 为什么我做不好……
…… 知己

破局

知己
你可以远离他
不做情绪"垃圾桶"

知己→停止话题

作为心理咨询师（知己），我遇到的这种情况特别多。比如来访者（受害者/控诉者）一上来会说："你知道吗？我童年连件新衣服都没穿过。"

我说："你现在已经很好了，事业、家庭都让人羡慕。"

他会继续说："我没你看到的那么厉害，我其实内心特别脆弱。"

这是心理咨询师经常会遇到的情况。这个游戏里很有意思的部分是，其实在生活中，他本身是一个很优秀的人，但是在这个游戏里，他就是要把自己"打扮"成一个能力比较低的人。极端情况，有些人甚至会撒谎，编造自己犯错、应付不来的事。

控诉者为什么会这样？因为，如果他承认他没那么糟糕，或者说其实还挺好的，那么第一，知己给他的安慰、帮助，可能就没有了；第二，他会有一种负担，就是他之前说的那一大堆成什么了？逗知己玩呢吗？如果承认了，自己不就是一个不知满足的人了吗？

所以，控诉者不会承认他很强，他厉害的一面；而是要一直强调，这难道还不够糟糕吗？所以，这个游戏里真正的受害者，其实是知己。因为他不但要打起十二分精神聆听倾诉者的"悲惨"故事，还要一直提供正能量的反馈。太难了。

其实控诉者可能并没有那么糟糕。只是一旦开启了这个游戏，他们就会不知不觉地按照这个游戏脚本去扮演相应的角色。

那作为知己，你应该怎么做？不要顺着倾诉者的话题继续下去，停止做一个知己，停止一直给他正能量。甚至，如果对方一直让你听他的"悲惨"故事，你可以远离他，坚决不要做他的"垃圾桶"。

看我多努力地试过了

第四个游戏：看我多努力地试过了。
角色：诉求者、假性诉求者、助人者。

这个游戏里面有两个求助的人，一个是诉求者，另一个是假性诉求者，和两个求助者对应的角色就是助人者。

举个例子。有人向你反映团队存在不公平现象。你调查后发现，原来是某个员工的问题，活儿总做不好。为了不拖累整个团队的进度，团队负责人就会下场帮助这个员工完成任务。但别人都不用帮忙，他却总被帮，其他员工就会觉得不公平了。

怎么办？团队负责人（诉求者）非常想改变这种状况，于是找你（助人者）帮忙。而那个员工（假性诉求者）说，他也特别想改变这种状况，需要你的指导。于是，你提了很多建议，制定了一些规则，推动改变。但是过了一段时间，发现还是不行。你很挫败，觉得这个员工真是朽木不可雕。

那个员工也很无辜，他说："你看我多努力，都按照你说的做了，但就是不行吧。"没办法，你只能工资照发，先维持现状。

游戏 4 看我多努力地试过了

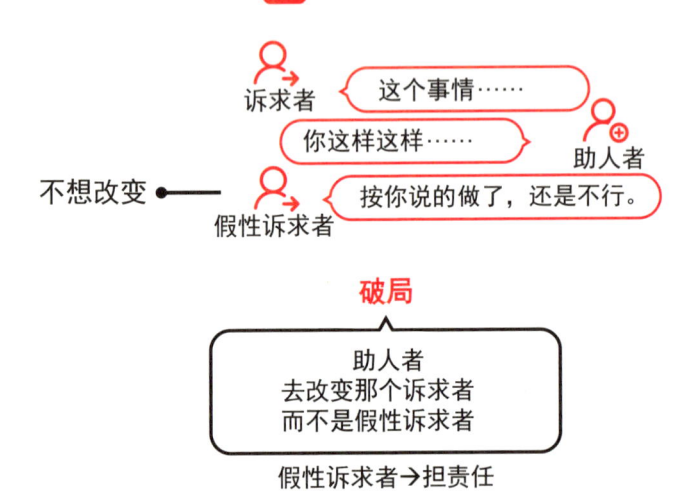

诉求者：这个事情……
助人者：你这样这样……
假性诉求者（不想改变）：按你说的做了，还是不行。

破局

助人者
去改变那个诉求者
而不是假性诉求者

假性诉求者→担责任

为什么会这样？因为这个员工的诉求是假性诉求，他不是真的想改变。生活中也有很多类似的情况。比如，一对情侣遇到了一些问题，想找你帮忙调解一下。这时，其中一个人是诉求者，但是另一个人其实是假性诉求者。那个假性诉求者来找你帮忙、找你调解，完全是为了证明他是做了这个尝试的。但是内心深处，他不认为这事还能调解好，他主意已定，其实铁了心想分开的。所以，在这样的情况下，你作为助人者，即使有通天的本领，也没办法。最终这两人很可能还是会分开。于是，等他们分开的时候，那个假性诉求者就会说："不是我没努力过啊，我各种办法都想了，也同意找著名咨询师调解了，不也没用吗？"

作为助人者，你发现自己已经进入这个游戏了，要怎么办？去改变那个诉求者，而不是假性诉求者。比如，那个团队不公平的问题，去改变那个诉求者——团队负责人，告诉他再也不能帮那个员工做工作了。负责人可能会担心不帮忙的话，导致任务完不成，公司会有损失。这时，你也要咬牙给他指出，即使有损失，也不能帮忙了。出了损失，出了问题，由那个员工负责。因为只有这样，才能打破这个游戏。否则，只要那个负责人表现出一点点想帮员工兜底的想法，那个员工都会想尽办法表现出"你看，我都已经努力在做了，但还是做不好"的姿态，最终仍然让负责人负责。

贫困

第五个游戏：贫困。

角色：假性诉求者、助人者。

这个游戏有点儿像前面介绍的第一个"是的，但是"游戏。只不过，这个游戏里的假性求助者，说完"是的"，不会说"但是"。他会按照你的建议去做，然后过段时间，继续来向你求助。

还是举开始那个例子。你的一个下属（假性诉求者）来找你（助人者）帮助解决问题。你给了他一个建议。这时，他会回答你说，好的（是的），然后就按照你的建议去做了。过了一段时间，他又来找你，寻求帮助（这时，你发现，两次的问题几乎是同一类型）。

于是，你又给了他一个和上次类似的建议。他又回答你，好的。然后离开了，按照你的建议去做了。过了一段时间，他又来找你，寻求帮助。

总之，无论你（助人者）提出什么建议，他（假性诉求者）都照单全收，按照你说的做。但是过段时间，还回来找你。

为什么会这样？这个和前面那个游戏"看我多努力地试过了"其实一样。假性诉求者内心深处就没想解决这问题，负起这个事的责任。既然有人帮他想办法，想问题的解决方案，那他为什么不用呢？而且，如果按照你说的做了，出了错，他也没有责任。于是，就来寻求你的帮助。

游戏 5 贫困

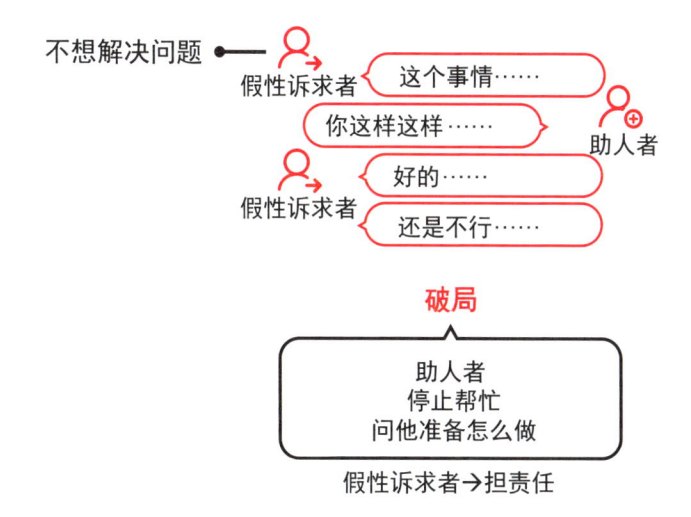

不想解决问题 ●—— 假性诉求者 → 这个事情……

你这样这样…… 助人者

假性诉求者 → 好的……

还是不行……

破局

助人者
停止帮忙
问他准备怎么做

假性诉求者→担责任

作为助人者,你发现你已经身处在这个游戏之中了,怎么办?停止。不继续帮他了。或者问他是怎么想的,准备怎么做。总之就是要跳出这个游戏,让假性求助者真正开始负起责来。

我只是想帮你

第六个游戏:我只是想帮你(ITHY)。

角色:诉求者、助人者。

前面,我们讲了假性诉求者和助人者的游戏。其实,有时作为助人者,我们也会拉着对方玩一个"我只是想帮你"的游戏。什么意思?诉求者来找助人者寻求帮助,助人者会提供一个建议。这个建议确实有用,解决了问题。但是过一段时间,诉求者又来找助人者。

这和第五个游戏很像。只不过不同的是,作为助人者,你很享受这个过程,甚至还期待别人来找你请教,即使一直被问同类的问题。

为什么会这样?因为帮助别人有心理优势,会让人愉悦。

我们心理咨询师,有时候也会扮演这样的角色。一对夫妻闹别扭了,吵架,来找我们咨询,后来和好了,我们很开心,又帮助到一个家庭。过了一个月,他们又来了,继续吵。于是,继续帮他们调解,他们又和好了。

但是,其实他们吵架的问题并没真的解决啊,我们只是在满

游戏 6 我只是想帮你 ITHY

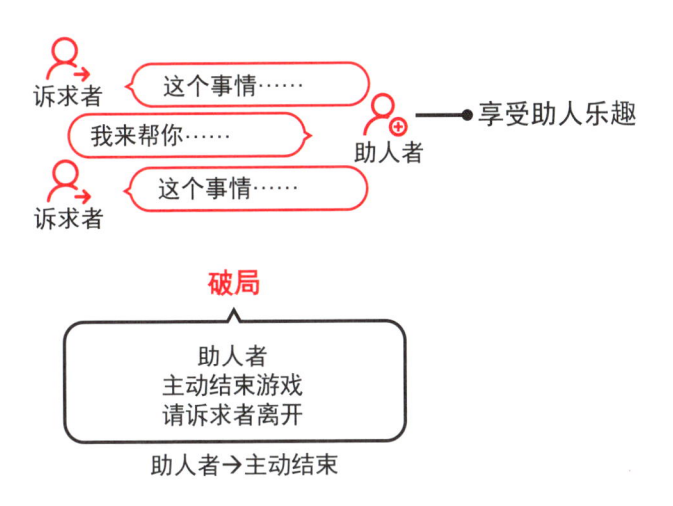

诉求者：这个事情……
助人者：我来帮你……
诉求者：这个事情……

助人者 → 享受助人乐趣

破局

助人者
主动结束游戏
请诉求者离开

助人者 → 主动结束

足自己的心理需求而已。那怎么办？如果你意识到作为助人者，自己已经进入了这个游戏之中，享受帮助别人的快乐，该怎么办？停止。作为助人者，你一定要主动结束这个游戏。

举个例子。我非常尊敬的一个心理咨询师卡尔曾经做过一个个案。也是一对夫妻，吵得不可开交。卡尔帮他们调解过几次了，这次又来了，仍然吵得不可开交。卡尔一下子站起来，说："我投降了，我帮不了你们了。现在请你们离开这里，去前台退费。我的治疗，到此结束。"

那对夫妻没办法，就退费离开了。过了一段时间，那对夫妻又回来了，一定要把上次的费用付了。并且说，上次那次治疗，是对他们最好的治疗。

为什么？他们说，他们那次在回家的路上，两人一句话也不说，也不吵了。终于，他们决定谈谈，因为连如此有名的心理咨询师都不管了，治不了了，那他们只能靠自己了。于是，他们开始交谈，最终通过他们自己解决了问题。

结语　　　　　　　　　　　　　　　CONCLUSION

以上就是李松蔚老师介绍的6个我们在管理中常遇到的游戏。

我们在这些游戏中，会不知不觉地扮演一些角色。角色能降低决策复杂度，让我们获得成就、心理快感，避免冲突。但是游戏也降低了人的自由度，会让我们不知不觉按照游戏脚本进行下去。

比如，那位不负责的下属，不是没有能力负责；那位说自己真的很糟糕的人，可能真的没那么糟糕。只是你们开启的游戏，让其不由自主地去扮演他的角色。

人在江湖，身不由己。所以作为管理者，我们在企业管理中遇到的一些问题，你原本认为可能是某个人的问题，其实可能是关系、角色的问题，是你们扮演的角色所运行的脚本问题，是你们开启的游戏出了问题。

怎么解决？首先你要觉察游戏，并在必要的时候，跳出游戏，打破游戏。而且，在企业管理中，面对有些员工，你完全可以去做一个控制型领导，成为一个控制型角色。但是面对另外一些员工，我们可能要做放权型、倾听型的角色。最大的阻碍，只存在于我们头脑中。

REPLAY
➜ 复盘时刻

1 这个世界充满了这样的循环，有的时候"东风压倒西风"，而有的时候反过来"西风压倒东风。"

2 每一件事情背后都有其逻辑。逻辑对的事情不一定就能成，但是逻辑错的事情几乎成不了。理解每一件事情的逻辑，找到正确的办法，然后刻意练习。

3 稳定，就是质量。

4 原因通常不在结果附近。

5 你可能听说过这样一句话——"永远都要向有结果的人学习，因为结果不撒谎。"

6 你只要坚持"正确的事情重复做",天不帮你,概率也会帮你。

7 小成靠努力,大成靠趋势。成大事者,必须先有不偏不倚的自我认知。

8 但是成功不是从 0 到 1,从 1 到 N,真正的完整路径是:0 → 0.1 → 1 → 10 → 1 → N。

9 我深刻感觉到,一个人乐此不疲的地方在哪里,就是他的优势和天赋所在,可能就是他的内核。

10 人生就像滚雪球,重要的是找到很湿的雪和很长的坡。

PART THREE

赢得人生主动权

做好决策

3

困难越大，护城河越深

我非常喜欢一句话：难走的路，从不拥挤。这不仅是我信仰的理念，也是我做事的基本方式。这些年我在做咨询的过程中，看见许多企业逐渐走向衰落。它们之前的成功很简单——起风了，它们做的是简单的事。

那些曾经在风口上的猪，都纷纷跌落回大地。而那些之前勤勤恳恳耕耘付出的人，一直在做困难的事，熬不出头。现在终于等来机会，扇动翅膀像鹰一样开始突围。这些现象，让我对这句话，又有了更深的体悟。

下面我再次聊聊这些感悟，讲讲我为什么建议你做困难的事。

简单的事比后期

首先我们来定义一下，什么叫"简单的事"。举个例子，你觉得高考是件简单的事，还是件难的事？在我看来，高考是件简单的事。千军万马过独木桥，怎么是简单的事呢？不妨想一想：想要获得高考这种能力，是简单还是困难？

通常情况下，高考满分是 750 分，一般来说，学习刻苦、发挥正常的话，考个 400 分左右都不会特别困难。你只要比别人稍微勤奋一点儿，就能考 500 分以上。

很多人不需要经过太多的努力，就能在高考中取得还不错的分数，高考就叫作简单的事。这种能力就叫作简单的能力，因为在最开始的时候，获得这种能力是极其简单的。

在你刚踏入某个领域时，发现它不难，好像随随便便就可以取得还不错的成绩。但是，**这些简单的事一旦进入真正的比拼环节，拼的都是后半段。**

可能一个班里，有 80% 的人，高考可以考 500 分，但是只有 10% 的人可以考到 600 分以上。跨过 600 分这条线以后，想要再提高到 610 分、615 分……会发现甚至每提高一分都会很困难。同样，会打羽毛球是简单的能力还是难的能力呢？也是简单的能力，因为只要稍加训练，你就能接上球，还能打上几局。

在商业世界里，什么是简单的事呢？

例如，今天去某个地方进一批货，明天再到另外一个地方把它卖掉，这就是商业世界里简单的事。你只要找到一个性价比高，而且很少人知道的货源，就可以赚到中间的差价。用这种方法，或许赚不了太多的钱，但是这个过程会给你一种感觉——原来做生意并不难。

因为这类事极其简单，一定会吸引很多人不断地加入。与此同时，之前就在这个领域的人会想，我已经投入这么多了，我不

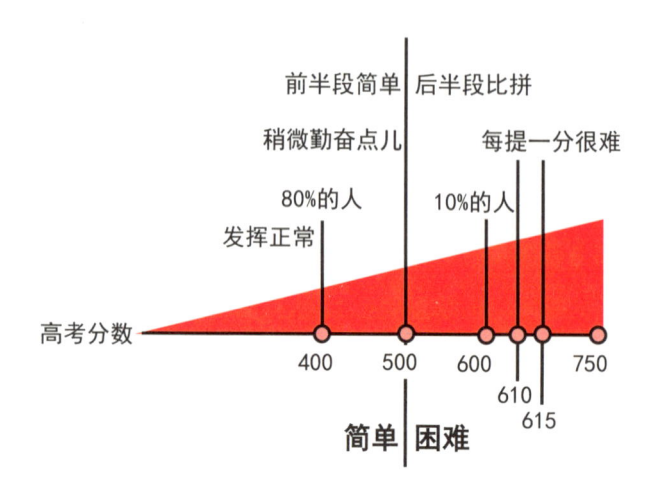

```
前半段简单 | 后半段比拼
稍微勤奋点儿   每提一分很难
80%的人      10%的人
发挥正常
高考分数
         400  500  600    750
                      610
                      615
              简单 | 困难
```

想放弃。所以简单的事情做到一定程度，再提升就变得非常困难，因为后半段的比拼异常激烈。这是做简单的事会遇到的问题。

困难的事比前期

我们还有一种选择，就是先做困难的事。例如，我今天想研发一款能够精准识别人脸的摄像头，这件事听上去就非常难。但是一旦做出来，你会发现这个市场没有几个竞争对手。因为特别难的事大家都不愿意出手，所以只要迈过了这一步，后面就可以非常轻松地占据很好的市场。

做困难的事情有一个好处，因为进入这个领域的人非常少，所以在一开始的时候你可以完全沉下心来研究和尝试，没有人和你比较，也没有人和你打价格战。你要做的，就是专注地把这件事做成，后面的一切就变得非常简单。

如果你要创业，不管你是选择做简单的事，还是选择做困难的事，都需要首先分辨这两种事情之间巨大的差别：**简单的事比后期，困难的事比前期。**

在我做商业咨询的过程中，经常发现很多人因为一开始选择了简单的事，发展到一定阶段后，会遭遇高强度竞争，难免不知所措。而另外一些人来找我咨询时，只要稍微点拨一下，企业就可以突飞猛进了。因为他已经做了很长时间难的事情，终于有一天把它攻克了。所以，如果是我，我会选择做困难的事情。因为所有难的事情都会越来越简单，而简单的事情都会越来越难。

人脉和投资，就是困难的事

既然难的事会越来越容易，那哪些事才算得上难呢？举两个例子——人脉和投资。

首先，建立人脉。

不要觉得你到某个地方递一张名片就是建立人脉。只有你积累了相当长时间的能量，这些同样有能量的人才会成为你的人脉。我曾经写过一篇文章，聊到我对"经营人脉"的看法。获得人脉，难的是要制造"价值引力"，人脉不是能帮上你的人，而是你能帮到的人。

以我如今认识的朋友为例,这些朋友大多不是我在微软做工程师的时候认识的。他们也是我做完了很长一段时间很难的事,在最近的两三年才结识的朋友。

其次,坚持投资。

投资也是件特别难的事。我自己投了很多初创公司,也有一些理财方面的财务投资。为什么我认为投资是一件难事呢?试想一下,如果你只有2000块钱,投一个年化5%收益的产品,一年能赚多少钱?可能你甚至觉得这个收益都不配打开电脑去操作。

你之所以觉得这样的投资没什么意义,是因为早期的基础工作没有做完,这个基础工作就是本金的积累。在你的本金都没有积累到一定程度之前,要想从财务上获得投资收益,这基本是不可能的。所以,如果你想在投资上获得巨大的成就,最好在早期先不要做什么投资,而是先把投资要获得收益的本金,积累出来。

这就是件特别难的事。

结语　CONCLUSION

巴菲特提出了著名的护城河理论，意思是说要建立自己的壁垒，才能保证对手打不进来。

在商业世界中，成败的关键，要看是否建立了属于自己的壁垒。

如果没有护城河，就会像那些速成速朽的公司一样，成为一头风口上的猪，风吹时起，风停时落。对于个人成长而言，做难的事，也是在建设那道壁垒，能帮你挖掘出那条很难被逾越的护城河。

不管是投资还是人脉，或者是其他难做的事，都需要我们想尽一切办法去努力积累。

这些积累一旦达到一定程度，就有机会迎来爆发，我们不用等风来，我们自己扇动翅膀就能起飞。做简单的事，猪纷纷落地；做困难的事，鹰即将突围。

顶级高手都是长期主义者

坚守长期主义，给人战略定力

我经常喜欢说一句话："一切商业的起点，都是消费者获益。"我们的学员，已经听了几百遍了，耳朵都磨破了。但即便听了几百遍，我相信，还是会有一些同学表面点头称道，心里暗自嘀咕："这种漂亮话，说说而已。赚钱才是商业的起点吧。"

赚钱从来都不是商业的起点，而是终点。

有很多明星喜欢开餐厅。但常常是一开始门庭若市，稍微过一段时间就没人去了，然后亏损关门。为什么？"粉丝"喜爱明星，明星的影响力可以给餐厅带来"流量"。"哇，我一定要去试试，说不定还能要个签名呢。"可是尝过鲜之后，有些餐厅"粉丝"再也不去了。

为什么？因为菜品不好吃。

所以，这家餐厅没有"复购率"。做餐厅，是流量更重要，还是复购率更重要？

当然是复购率。

餐厅开在一个固定的物理位置。它只能服务附近几公里范围内的有限人群。就算明星影响力再大，这个"有限人群"都来吃了第一次，但只要菜品不好吃，没有复购率，顾客最终会越来越少，直到关门。

让消费者获益，也就是把菜品做好吃，是一家餐厅的起点。赚钱是自然而然的结果，是终点。

这听上去太显而易见了吧？谁不知道把东西做好很重要啊？

是的。每个人都知道。但是当你没有坚守长期主义，自己活下去都很困难的时候，就会在消费者获益和自己获益之间，无比纠结，难以取舍。

有些人不是不知道，而是做不到。他们会问：我都要死了，还管消费者？能在产品原材料上偷工减料，就立刻克扣。能多赚一分，绝不少赚一分。

这时候，坚守长期主义，就给了你巨大的战略定力。有了"长期主义"护身符，就可以坚定地创造"客户价值"，从容地成长为巨人。

关于长期主义，冯仑先生举过一个特别生动的例子：一个油饼五毛钱成本，卖两块钱，能挣一块五。一个人把钱看得很绝对，认为多就是多，少就是少，钱很重要，所以觉得五毛钱成本太高，那能不能用低价油？成本三毛钱就行。蚂蚱也是肉，为什么不吃？多挣两毛钱也好啊。于是，这个炸油饼的人就会面少一点儿，油也差一点儿。

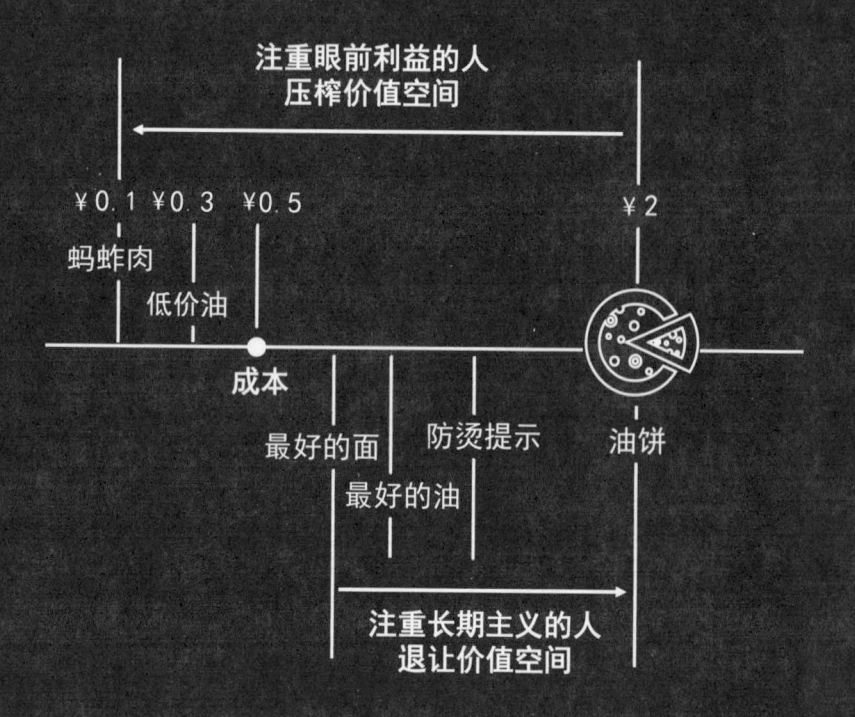

注重眼前利益的人
压榨价值空间

￥0.1 ￥0.3 ￥0.5　　　　　￥2

蚂蚱肉
　　低价油

成本
　　　最好的面　防烫提示　　油饼
　　　　最好的油

注重长期主义的人
退让价值空间

但是可能又来了一个大妈,她觉得东西还是要让人吃了身体健康。她的心思在健康上,没在钱上,她就用品质最好的油、最好的面。同时还考虑别人拿饼的时候别烫手,再在装油饼的纸袋上面写几个字,提醒顾客小心烫手。她心中有别人,结果别人都知道她做的油饼是健康的,服务是贴心的,她的生意会越来越好。

注重眼前利益的人,拼命压榨"价值空间",一点儿"价值空间"都不想留给对方。

注重长期主义的人,拼命退让"价值空间",想要把"价值空间"最大化留给对方。

注重眼前利益的人,一时赚得盆满钵满,未来路却越走越窄。

注重长期主义的人,一时利润不合心意,未来路却越走越宽。

重视长远价值,才不会失去眼前利益

有一次,进化岛社群的同学问我:"润总,我如何才能像华为一样成功?"我说,我对华为的了解很浅薄。但据我所知,华为的成功,是和以下几点分不开的。

(1)只占公司1%左右股份的任正非,用梦想和利益团结了一大批员工;

(2)然后共同选择了一条长长的、厚厚的、湿湿的雪道;

(3)开始艰难地推动雪球,并坚持把每年收入的10%投入研发,滚大雪球;

（4）他们就这样艰苦地推动了32年，以奋斗者为本，以用户为中心；

（5）然后上天决定，在上百个关键时刻，都撒上了一些运气。

最终，这个团队走到了今天。

这位同学一听，皱起眉头。非要推动32年吗？这个时代，有更有效的办法吧？小米不是创业9年，就成了世界500强吗？我说，我对小米也了解一点儿。据我所知，小米的创业，其实不止9年。

1992—2007年，雷军做金山软件，积累了15年的软件经验；

2007—2010年，雷军做天使投资，积累了3年的资本经验；

2010—2019年，雷军做小米科技。虽然只有9年，但他每天睡4~5个小时，被称为劳模。

小米的成功，你看上去是9年的薄发，却是即便勤奋如雷军，也必须经历20多年的厚积。

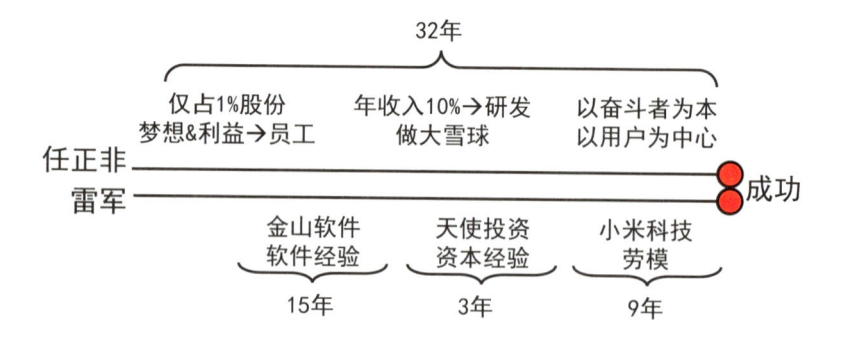

他说，可是，那马云呢？马云就说自己不勤奋，但是马云不是更成功吗？勤奋，不如选择重要吧……

听到这里，我们有必要停下来，重新审视他最开始的问题。华为成功的路径他嫌长，小米成功的路径他嫌累。他想要的，其实不是成功的路径，而是成功的结果。

看到成功的人、成功的企业，我们羡慕，我们迫不及待地想要学习，就像很多人都想学巴菲特的价值投资。

但如果我告诉你，价值投资，让巴菲特在50岁以后，赚到了人生99.8%的财富，估计很多人可能立刻就会问：啊？要等到50岁啊？能不能早一点儿啊？等到50岁，已经没有青春去挥霍财富了呢！

很多人都想"复制"他99.8%的财富这个结果，而不是学习他从10~50岁这一路走来的过程。甚至连这个过程之中，是否果断放弃眼前的丰厚利益，内心都要犹豫、煎熬。牺牲眼前到手的利益，去换取未来更长远的利益，这种抉择往往极为痛苦。因为眼前的利益，所有人都看得到，长远的利益却很难看到。

重视长远价值，通常不会失去眼前利益。仅仅重视眼前利益，则往往会失去长远价值。

长期主义就是把一件事做到极致

关于长期主义，让我想起一次我邀请阿里巴巴前总裁卫哲到我的企业家私董会做的分享。

卫哲说的一段话很触动我。他说：你们都说客户至上，但是你们开会讨论什么问题？看什么报表？资产负债表？损益表？现金流量表？这三张表代表谁的利益？都只代表股东的利益。你们开会时只讨论股东利益，凭什么说客户至上？

听完这段话，我当时一震。

是啊，很多公司都在说客户至上，但是开会看"客户报表"吗？你每周或者每个月，看客户有没有因为你而赚钱了吗？看客户因为你而少花钱了吗？看客户因为你而拿到投资甚至上市了吗？

卫哲给我分享了一个故事。

早期阿里巴巴的主营业务，是通过互联网，帮助中国供应商对接海外买家。也就是所谓 B2B 国际电商。他们有支强大的地推团队，被称为"中供铁军"，就是做这件事的。

有一次，卫哲检查工作时发现，有一个"铁军"卖了 20 万的 B2B 国际电商服务，给一家中国本土的房地产公司。卫哲一看就知道，这个销售一定是用了所谓"把梳子卖给和尚"的技巧，卖给了客户一个根本就不需要的服务，从而完成自己的业绩。

这时候怎么办？把销售骂一顿，然后说下不为例？估计很多人都会这么做。这么做，就不是阿里了。

阿里怎么做？阿里把这名销售开除了，然后把20万退给了客户。进了口袋的钱退回去，是很不容易的。但是，阿里是希望大家知道：只有客户成功，我们才能成功。否则，这个钱不是赚来的，是骗来的。

在进化岛社群，我曾经分享过对于聪明人的看法。

有一次和晨兴资本的刘芹聊天。聊到一个项目。他说早期就不太看好，为什么？因为这个创始人太聪明了。

什么意思？太聪明也不对吗？

"聪"是听力好，"明"是视力好。太聪明，每天都能看到各种机遇，接触更多资源，想到各种激动人心的模式。因此，他们常常受不了诱惑，不断捡了芝麻，丢了西瓜，在红利和风口间上下起伏，非常容易失焦，非常容易患得患失。

而创业是把一件事坚持做到极致。一定程度的"傻"，有助于这种坚持。其实，可以看到全世界，听到全世界，有时是一种惩罚。

结语   CONCLUSION

太聪明的人,需要对抗全世界。

我说,那不是真正聪明的人。

真正聪明的人,都在做笨的事情。

真正聪明的人,他们不断在问"这件事情的本质是什么""那件事情的逻辑是什么"。

真正聪明的人,都会坚守长期主义。然后坚定地创造客户价值,给合作伙伴和消费者留出足够的"价值空间"。

在商业战场上,什么样的竞争对手最可怕?是认真坚守长期主义的人,而不是聪明的人。

及时止损是打败困境最好的办法

真正厉害的高手,都懂得及时止损。能及时止损抽身,回归正轨,才是一流大智慧。

有一次去广州出差,来到一家势头很猛的商业银行,听到一件令人叹息的事。因为市场信心下挫,有些银行正面临"高评高贷"带来的断供风险。

什么叫"高评高贷"?举个例子,老王因为炒房,赚到了钱。他坚信房价会涨,坚信今年1000万元的房子,明年会涨到1500万元。一定要买。但因为国家调控,首付要50%,就是500万元,怎么办?找机构把房价估高一点儿,比如1800万元。这样,他50%就能贷出来900万元。1000万元,减去900万元,他只需100万元的首付,就能买到房子。这叫"高评高贷"。

房价上涨时,老王为自己的小聪明沾沾自喜。如果房价真涨到1500万元,他就用100万元本金,撬动了500万元的收益。可是万一在预期的时间没有涨呢?万一下跌呢?手上的现金流突然断了呢?有些地方的房价,真的下跌了;有些地方的商铺,租不出去了。

1000万元的房子，跌到了850万元，老王面临一个痛苦的抉择：要不要为一套价值850万元的房子，偿还900万元的贷款？老王想用杠杆放大收益，最后却被杠杆击倒。人性的弱点，往往在于对未出的牌抱有过于美好的想象，驱使人们去赌未来的机会。

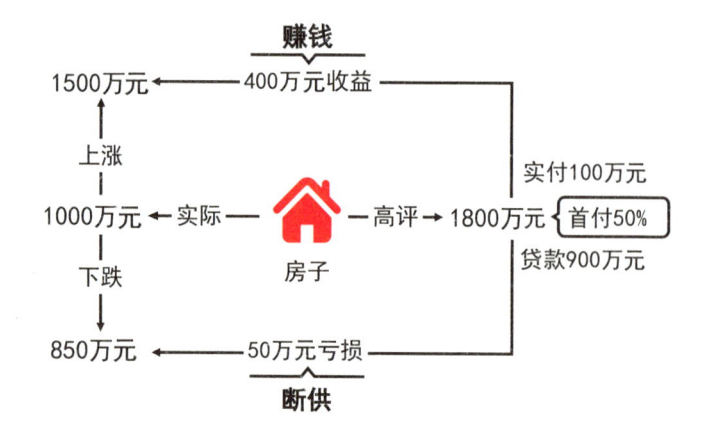

```
                    赚钱
1500万元 ←── 400万元收益 ──┐
   ↑                      │
  上涨                     │  实付100万元
                          │ ┌──────┐
1000万元 ← 实际 — 🏠 — 高评 → 1800万元 │首付50%│
              房子          │ └──────┘
  下跌                     │  贷款900万元
   ↓                      │
 850万元 ←── 50万元亏损 ────┘
                    断供
```

股市也一样。因为受不了"牛市"赚钱的诱惑，在起初赚了一点儿钱之后，越来越贪婪。毅然把家里所有积蓄投进股市，随后股市暴跌，多年的积蓄打了水漂。

该止损时，不及时止损。即使前面做对了10次，只要最后一次失败，就可能血本无归。**我们最容易犯的错误：总是在牌好时孤注一掷，牌差时不及时止损。真正厉害的高手，都懂得及时止损。能及时止损抽身，回归正轨，才是一流大智慧。**

同样道理，公司有同一批次的产品销往全国，在某个省区质量出现严重问题，导致大量客户投诉，申请退货。这种情况下，是要对全体员工进行"质量第一"的文化建设吗？淡化舆论吗？不。这时，应该召回全国的产品，弥补客户的损失。

可是，召回产品也是有成本的吧？当然。但如果不这么做，公司声誉将会大损，"病"会越来越严重，最后要你的命。管理上的错误就像是一种病毒，它初期的影响可能不太大。但它会一直潜伏在企业里，等到突然暴发的时候，企业往往已经"病入膏肓"，无力止损了。犯错不可怕，可怕的是连续犯错，还心存侥幸，不懂得及时止损。

"茶杯VS竹篮"理论

有一天晚上和晨兴资本的刘芹一起吃饭，谈起"茶杯VS竹篮"的理论。什么意思呢？很多人赚的是辛苦钱，进比出略快，如履薄冰，像竹篮。有些人的生意却是个茶杯，有积累，能沉淀，虽慢但终将注满。

做生意，除了进出流水，你一定要找到那个可以用来沉淀的容器。你的容器是什么？你用它来沉淀什么？很多人最大的问题是，引以为自豪的商业模式不是时间的朋友，而是时间的杀手。赚钱，是以消散核心能力为代价的。越赚钱，越虚弱，相当于饮鸩止渴。

把篮子换成容器，开始往里面装点滴价值，时间越长，越身

能沉淀	无积累
核心竞争力	快钱诱惑
时间的朋友	时间的杀手

强力壮。在创业道路上，会经常面临很多诱惑，冒出很多赚快钱的机会和所谓的合作机会，比如比特币、金融、房地产、游戏……

如果选择赚快钱，你便被欲望吞噬了最宝贵的资源——时间。 时间本来是用来打造你的核心竞争壁垒的。所以，赚快钱犹如吸毒。在核心价值以外赚的快感越多、越快，失去得也就越多、越快。

想一想自己手上做的事情，是可以积累核心壁垒的，还是捞一把就走的？如果是捞一把就走的，多久可以看到结果？如果很久都没有结果，能不能及时止损抽身，回归正轨？这一点非常重要。这就好像你花了 329 元，买了一个苦榴梿，为了不浪费，还是吃掉了。这样你不但损失了 329 元，还吃了一个苦榴梿，又损失了时间。

其实这 329 元就是沉没成本，就是你怎么做都无法收回的成本。在沉没成本前，我们最容易犯的错误就是：对沉没成本过分眷恋，继续投入，造成更大的亏损。

结语　　CONCLUSION

在进化岛社群，曾有位同学向我提问：自己爱错了人，又意外怀孕，男方母亲得知后，说了很多讽刺难听的话，要她打掉。一方面，她觉得孩子是无辜的；另一方面，自己 30 多岁的年纪也很被动。

想把孩子生下来自己抚养，但又是未婚单亲妈妈，很害怕。男友在父母面前不够强势，知道母亲刁难时，他很气愤。但是有争吵时，就觉得他妈妈说得很对。自己嫁过去可能重蹈覆辙。她特别迷茫，想咨询一下我的意见。我一声叹息，可惜自己不是心理情感专家，无法给出专业意见。

心理学家亚科斯曾说："我们人生中 90% 的不幸，都是因为不甘心引起的。"因为不甘心，因为觉得之前付出太多了，不懂得及时止损，我们杀死了自己的未来。

我们做决定时，往往会念念不忘先前的投入，担心现在的决定会让以前的投入付诸东流，于是白白丢掉很多机会，并让自己陷于困境。打破这一困境最好的办法，就是及时止损。也就是我们在做决策时，不要纠结于已经无法挽回的损失。而是着眼于当下和未来，从而做出最佳的选择。真正厉害的高手，都懂得及时止损。

人生的管理，就是目标的管理

快年底了，回忆一下，今年最重要的三个目标是什么？制定得对吗？如何管理？我从床上蹦起来，一再问自己这些问题，甚至打印下来贴在随处可见的地方，存在随手翻看的手机备忘录里，目的就是提醒自己，不要忘记。

从某种程度上说，人生的管理，就是目标的管理。目标管理，锁对目标；绩效管理，锁死目标。我为自己，也为你，做了一份管理工具的大盘点。事先有沙盘，事后有复盘，请笑纳。

管理目标

不重不漏，平衡目标。"君子性非异也，善假于物也。"好的工具，事半功倍。制定目标，需要先了解一个最基础的法则——MECE法则。一句话总结，相互独立，完全穷尽，既不重叠，也不遗漏。

假如你是一名销售，想提高销售额，怎么办？改进产品、开拓渠道、网络营销、灵活定价……这是通过4P原理对目标进行分解。在企业中,有什么推荐的管理工具吗?有,平衡计分卡。

世界前 1000 位的公司中,750 家都在使用。

简单来说,就是从财务、客户、过程、创新与学习四个维度,来综合平衡管理企业。

你的工作,是否涵盖了这四个维度?

因为财务指标只能单纯反映过去发生的事情,对未来一无所知,无法评估前瞻性的投资。同样,作为销售经理,只需要想着如何提高个人业绩,但如果是销售总监,就要考虑如何带领团队前进。财务方面,制定销售目标,关注收入;客户方面,注重客户满意度和购买体验,共赢是最重要的准则;过程方面,是什么导致收入的结果,设置过程指标,控制结果;创新与学习,团队定期培训,案例解析,经验分享,平衡远近的关系。

相互独立,完全穷尽,既不重叠,也不遗漏。共赢平衡外部与内部,因果平衡过程与结果,远近平衡短期与长期。这是 MECE 法则与平衡计分卡,一个原则,一个工具,请笑纳。

制定目标

一把好刀,一套刀法。SMART 原则最大的作用,就是让"一千个人心中的一千个哈姆雷特",必须变成同一个。SMART 是一把好刀,无坚不摧,无往不利。

制定目标,举一个很有趣的例子,想带爱人去浪漫的土耳其、

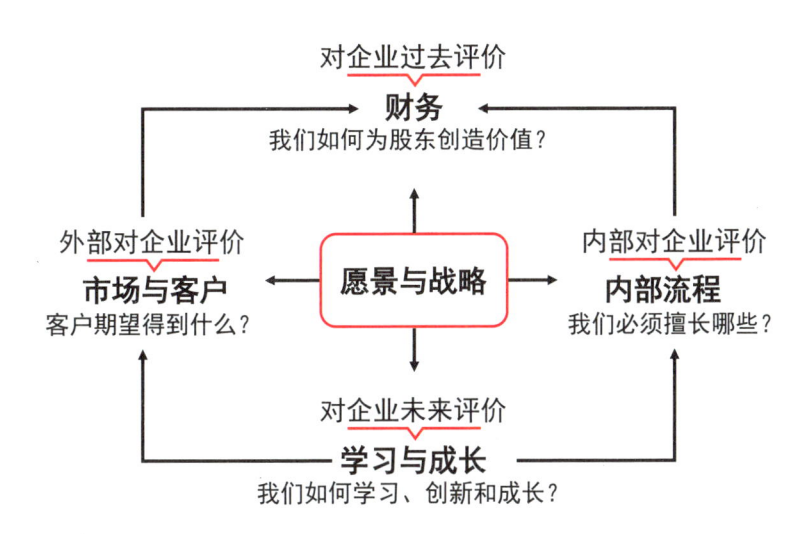

对企业过去评价
财务
我们如何为股东创造价值？

外部对企业评价　　　　　　　　　　　　内部对企业评价
市场与客户 ← **愿景与战略** → **内部流程**
客户期望得到什么？　　　　　　　　　　我们必须擅长哪些？

对企业未来评价
学习与成长
我们如何学习、创新和成长？

东京和巴黎。暂且不说这个路线有多么不合理了……金钱、假期、工作交接，等等，为了实现这个目标要做的准备，都做好了吗？用 SMART 原则，怎么做？

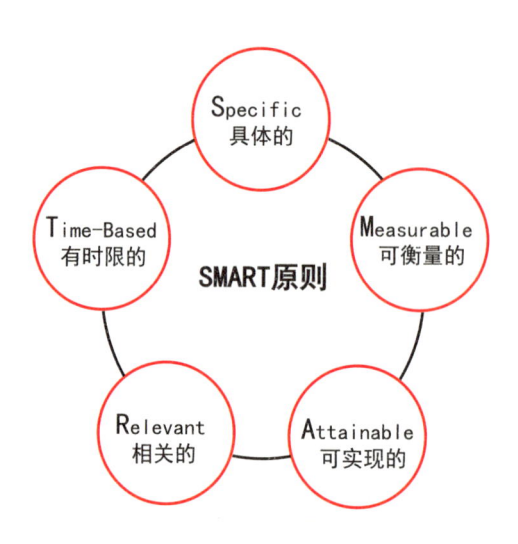

S—M—A—R—T，这 5 个字母分别代表：

Specific（具体的）；

Measurable（可衡量的）；

Attainable（可实现的）；

Relevant（相关的）；

Time-Based（有时限的）。

你的工作，能否被明确阐述？

把旅行计划变成这样吧——

今年我将带着爱人，在5月1日至15日，进行为期两周的度假之旅。（具体的限制）

为了实现这个目标，我不得不在5月之前准备8万元。（可衡量的时间和金钱）

我们两个都要和同事、领导协商好工作交接、安排等事宜。（相关的）

由我爱人在3月底前制定好详细行程，并提前预订机票和酒店。（具体的安排）

可能我考虑得也不是非常完备，但至少让目标更加清晰、规范。SMART，这每一个字母，都是一把锋利的刀，能帮助你砍掉模棱两可，砍掉不切实际，砍掉无限拖延。这套千锤百炼的刀法，请笑纳。

执行目标

制定好目标，接下来想要执行和管理目标，一定绕不过两个管理工具——OKR和KPI。OKR火上了天，也被误解上了天。

OKR，是"Objectives&Key Results"的简称，是让公司、团队、个人都要设立目标，以及衡量这些目标完成与否的关键结果。

O是目标，KR是关键结果。OKR，是对业绩很难数字化衡量所采用的方法。OKR 不是绩效考核工具，而是目标管理工具。让无法用数字考核的团队，通过目标的层层分解，向同一个方向前进。

如果你是职场人士，想提升自己的演讲能力，如何设定 OKR？目标 O，是在一个月后的公司分享会上登台演讲。那关键结果 KR 呢？

第一，每天对着镜子练习体态 30 分钟；
第二，每天跟读朗读，练习语音、语调 30 分钟；
第三，每个星期去线下演讲俱乐部实战训练。
OKR 就是一套目标分解系统，就是这么简单。

OKR 是目标如何执行，而 KPI，是目标如何管理。

KPI，关键绩效指标，再熟悉不过。拿奖金是它，扣钱的也是它，爱恨情仇全是它。

有人对 KPI 深恶痛绝，但这是非常重要的管理工具。KPI 有其适应性，真不应该直接丢进故纸堆。同样，想提升自己的演讲能力，如何设定 KPI？

可以"简单粗暴"一些：一个月后的公司演讲比赛，勇夺桂冠。拿到冠军，完成 KPI；拿不到冠军，没有完成 KPI。

如果说 KPI 是秒表，OKR 就是指南针，左手根据指南针确定方向，右手拿表快速奔跑。执行和管理目标的两大利器，请笑纳。

目标 —— **OKR** —— 关键结果

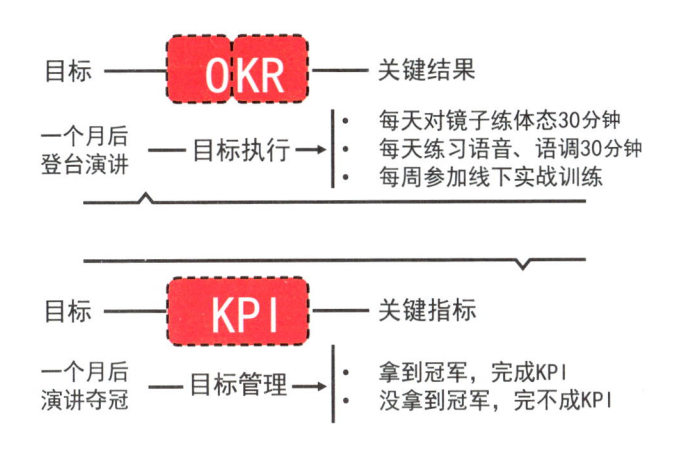

一个月后
登台演讲 —— 目标执行 →
- 每天对镜子练体态30分钟
- 每天练习语音、语调30分钟
- 每周参加线下实战训练

目标 —— **KPI** —— 关键指标

一个月后
演讲夺冠 —— 目标管理 →
- 拿到冠军，完成KPI
- 没拿到冠军，完不成KPI

复盘目标

先复盘，再翻盘。PDCA 循环，有另一个响当当的大名——戴明循环。P—D—C—A 四个字母，分别代表——Plan（计划）、Do（实施）、Check（检查）、Action（处理）。

工作项目的检查和改进同样重要。

前面分享的工具，都是计划和行动的部分，但是检查和处理，却常常被忽略。每一个计划，每一项任务，都应该像回旋镖一样，飞出去，再回到手里。可是很多人飞出去的根本不是回旋镖，而是弓箭，一去不回头。

有计划，有沙盘，更要有总结，有复盘。每次行动后得到的反馈，都应该认真总结，分析原因。你可以给自己设立一本问题纠正手册，一本连续成功指南，错的绝不再犯，对的继续复制。PDCA 循环，一环套一环，像车轮一样，循环上升。只有 P 和 D，车子刚开到半山腰，就上不去了。加上 C 和 A，来一脚油门，冲上山顶。先复盘，才能翻盘，请笑纳。

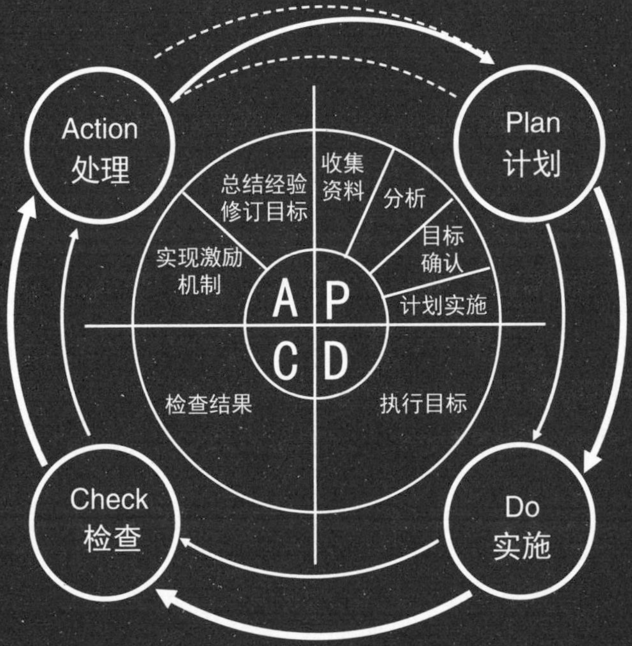
Action
处理
Plan
计划
Do
实施
Check
检查
A
P
C
D
收集
资料
分析
目标
确认
计划实施
执行目标
检查结果
实现激励
机制
总结经验
修订目标

结语 —————————————— CONCLUSION

"你在朋友圈里又佛又丧,你在收藏夹里偷偷地积极向上。"

唐毅的这句话,在罗振宇的跨年演讲后成为经典,说出了很多人的真实状态。

但我相信还有一些人,他们不佛不丧,光明正大地积极向上。

希望这份管理工具大盘点,能让你事先有沙盘,事后有复盘,实现目标。

刀枪剑戟,斧钺钩叉,一并给你,请收好,请笑纳!

做好职业规划，少走弯路

成年人要能为自己的选择和决定负责。比如去哪座城市奋斗，比如和哪个人在一起，比如自己的职业生涯。很多人常常期待公司能给自己做职业生涯规划，不管是刚刚毕业的人，还是工作很久的人，都有这种想法。但这种想法，是很危险的。

因为公司的第一责任，是让组织发展得更好，而不是你的职业生涯更好。这件事情，不能期待别人帮你做。想把天赋带到哪里，在哪间写字楼办公，和什么人一起欢呼流泪，只有你自己可以决定。

但是，多数人为了逃避真正的选择，愿意做任何事情。即使想选，也不知道怎么选。怎么办？前段时间，我专门访谈了古典老师。古典老师，是国内著名的职业生涯规划师，著有《拆掉思维里的墙》《你的生命有什么可能》《跃迁》等超级畅销书。

我问他：怎么样才能做出更好的职业选择，少走一些弯路？古典老师从 22 岁大学毕业一直讲到中年 45 岁，在职业生涯各个阶段，给出不同的建议，令我很受启发。下面我就把访谈古典老师的内容，分享给你。

每位学子几乎都在高考报志愿时，慎重地选择了一项专业。大学毕业时，大部分学生并不真的知道咨询顾问每天做什么，客户经理有哪些职责，客户服务和技术支持有什么区别，银行和保险有什么不同。

但是，我们必须根据自己的专业，选择一个职业。也就是说，在我们进入校门那一刻起，其实已经被分配完了——即使是在我们什么都不知道的情况下。因此，对很多人来说，今天正在从事的职业，源自一个又一个冒失的偶然，始终错配。

它并不是你最擅长的，也不一定是你最想要的。但是，事实就是这样。古典老师和我说，大约只有30%的人毕业后找到专业对口的工作；剩下的70%，可能都是不对口的。对绝大部分人来说，从一开始，可能就错了。你以为自己在往东，其实是在往西。一方面，这是教育资源的巨大浪费；另一方面，也是耽误了自己。所以，在还来得及的时候，越早对职业生涯进行定位越好。

我问古典老师，应该多早？古典老师回答，大三时期。

先下场

很多人大三都在实习。实习很重要，最好能先确定未来的大方向，对自己做好基础的判断。什么判断？自己到底是那对口的30%，还是不对口的70%。

举个例子。你是学汽车工程的，实习的时候，看看自己是不是真的对汽车行业感兴趣，是不是毕业后想接着干这份工作。如果觉得不错，想继续做，那大概率能找到对口的工作，自己是那30%。但是，接下来还有一个问题：这份工作，本科毕业后能不能直接到岗？需要更高的学历或者相关证书吗？然后，该读书就读书，该考证就考证。

但是，如果发现不喜欢实习的工作，自己是不对口的那70%，怎么办？这可能是多数人的情况。古典老师说，有一个基本的打法：通过行业和岗位，来确定自己的工作。

行业，可以选择自己喜欢的，最好还是高增长的行业。这可能会决定你的成长速度和薪酬水平。因为乘扶梯、乘电梯、搭火箭的速度是完全不一样的。一般来说，互联网行业，就是比报社好。电动车行业，就是比燃油车好。智能手机行业，就是比冰箱好。

然后，看看什么岗位适合自己。岗位基本有两种，运营和产品。问问自己：我是更适合运营，还是更适合产品。运营，更多和人打交道，例如，销售、品牌、市场等人员。产品，更多和事打交道，例如，内容编辑、设计师等工作。通过确定行业和岗位，能对自己有基础的定位，然后去找行业内的公司。在实习中，进一步确定这份工作适不适合自己。有人会说，我本来就是不对口的70%，没有能力和经验，不符合招聘简章上的要求，别人不要我怎么办？

其实，大部分公司的招聘要求，都是按照120分写的。事实上，只要有80分的水平就基本可以。着急的话，60分也行。

古典老师说，重要的是先下场。只要有基本的知识和技能，就放心大胆去投简历，在工作中学习。但重要的是，要先下场。看是看不明白的，想也是想不清楚的。只有真正做了一份工作，有了真实的反馈，才知道自己到底适不适合。

趁着还没毕业，试错成本最低的时候，多实习，找到适合自己的行业和岗位。所以，在大学阶段，一个朴素但有效的建议是：大三尽量把学分修完，然后充分实习。在实习中，确定自己是那30%，还是70%，尽快找到适合自己的工作。

那么，毕业进入职场之后，在每个阶段，应该关注什么？

成长。

生存关

28岁之前，是职业生涯的生存期。这个阶段最应该关注的，是自己的成长。成长，是一个听上去很重要，但其实很空泛的词。古典老师对"成长"，给出了三个层面的具体建议。

能力、认知、心力。

举个例子。假如你是做私域流量的，怎样是能力的成长？

第一是能力，又分为"懂、精、评、带"。

懂：你懂不懂。知道私域流量是什么吗？基本的技能会不会？

精：精不精专。拉到市场上比一比，能进前20%吗？你做的私域流量，流程最好吗？效率最高吗？评：评估对手。让你评估市场上其他人的方案，谁的好，谁的不好？为什么好，为什么不好？能评估吗？带：培养团队。能不能带领一批人出来？能不能培养出人才？

懂，是基本要求。精，是不断钻研。评，是向对手学习。带，能做好管理。很多人对于工作的理解，只是"懂"，其实还有很多成长空间。

第二是认知。对客户有没有了解，对业务有没有认识，对行业有没有洞察。比如你做私域流量，用户分层了吗？为什么这么分？每一类的特点是什么？

第三是心力。是不是能从负重前行，到举重若轻？是不是能从油盐不进，到闻过则喜？是不是能从负面悲观，到积极乐观？如果没有充分的成长，可能就会遭到社会的毒打。

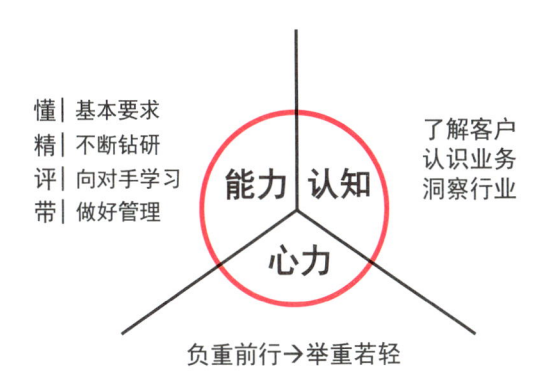

古典老师说，万一被毒打了，一般就只剩下5种选择。哪5种？

（1）憋着。就这样吧，躺倒。
（2）跳槽。觉得是公司的问题，职位的问题。
（3）转行。不是换一家公司，而是换一个行业。
（4）斜杠。不想有职业晋升了，搞搞副业。
（5）努力。意识到是自己的问题，还是继续提升自己。

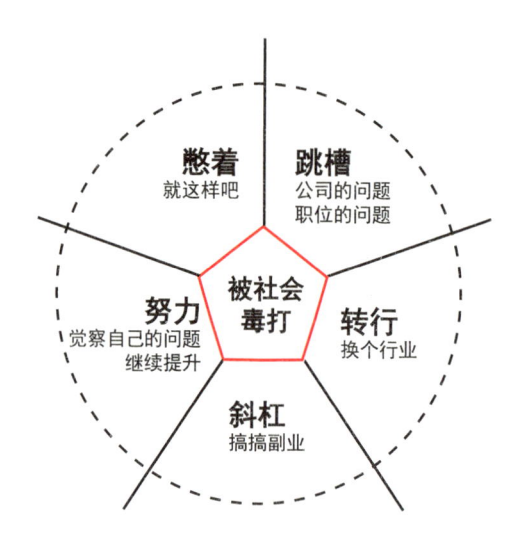

一般都会在这5种选择中，来回跳两三次。幸运的，可能找到新的定位；不幸的，可能就到了30岁，上不去了。所以，在职业生涯的生存期，要拼命成长。过了生存期，下一个阶段呢？

发展关

下一个阶段,在职业上升期,要加速度。加速度,就是让自己变得越来越有价值,越来越重要。为什么有的人在30岁左右,有了一定的存款和收入,做到管理岗位,还是非常焦虑?因为没有加速度了。爬到了一个小山头,但是上不去了。没有了爬坡的推背感,只有被后浪拽下来的下坠感。

任何一家公司,职业上升通道都是有限的,只有少部分人可以一直晋升。还有一部分公司,是扁平化管理,更没有什么所谓的上升通道。怎么办?古典老师说,在职业上升期,应该要有一个洞察。

什么洞察?本质上,不是老板产生了岗位,不是组织架构产生了岗位。岗位是怎么来的?是客户有了需求,需求倒逼出流程,流程产生了岗位。岗位,是客户带来的。所以,换一个思路,每个人其实都处在一条服务客户的业务流上。

你的价值由什么决定?

价值 = 客户 × 流程。

你的价值,取决于你能服务什么样的客户,能在流程中扮演什么样的角色。因此,在职业上升期,想要获得新的加速度,可以有一些新的思路。

(1)服务最好的客户。

(2)使价值链中的单点价值变得越来越重要,纵向扎根深度。

171

单点价值深化　　　　　覆盖更多流程

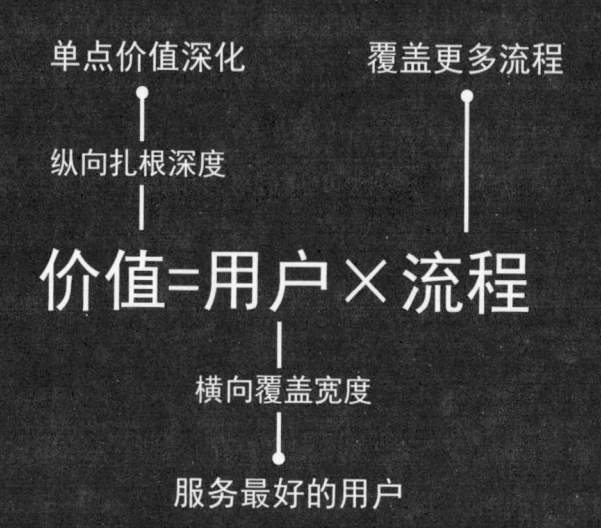

纵向扎根深度

价值=用户×流程

横向覆盖宽度

服务最好的用户

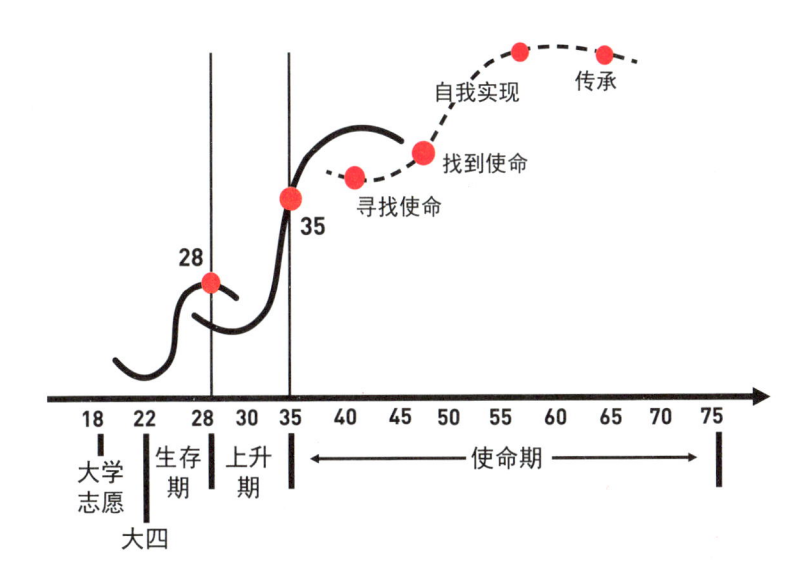

```
                                    ● 传承
                              ●
                           自我实现
                      ●   ●
                         找到使命
                      寻找使命
         ●
         28    35

   18  22  28  30  35  40 45 50 55 60 65 70 75
   大学  生存  上升  ←——— 使命期 ———→
   志愿  期   期
        大四
```

（3）在价值链中覆盖更多的流程，横向覆盖宽度。

在上升期，28~35岁时，别满足于一个小山头，要爬坡。

使命关

过了职业上升期，下一个阶段呢，什么很重要？在使命期，意义很重要。

"意义"，听起来也是很虚的概念。但是，意义真的很虚吗？你一定要相信，这个世界上有些人已经不再为钱而工作，或者不完全为钱而工作。追寻工作意义的人，往往是真正顶级优秀的人。

据媒体报道，2016年，比尔·盖茨的财富，已经达到900亿美元。900亿美元，什么概念？假如他老人家能活100岁，并且必须在死前把所有钱都花光，那么从现在起，他必须每天花掉600万美元，全年无休。

当钱就像空气、阳光、水一样几乎是无限供给的时候，一定有一种钱之外的需求，继续激励着他更努力地工作。对于有些人来说，怎么吃饱饭是个问题。但是对于盖茨来说，吃饱饭肯定不难，难的是怎么改变这个世界。

当一个人开始追寻意义时，你和他说：我有个赚钱的好点子，可以让你多赚3个亿，要不要一起干？你觉得，他会心动吗？

可能也会。但是，更让他心动的，也许是这么说：你是要卖一辈子糖水，还是要和我一起改变世界？

能走到使命期的人，都希望实现自己的梦想，被人们记住，在历史上留下自己的名字。

认真、勤奋、执着、可靠……你会觉得，他们几乎配得上所有褒义词。假如你在使命期能找到真正的意义，那么应该祝贺自己。

结语　CONCLUSION

听完古典老师的分享，你有什么感觉？在职业生涯的各个阶段，都有对应的建议，给了我很多启发。

许多人的选择，其实是一种错配。职业生涯的定位和思考，越早越好。

大三的时候，尽快实习，先下场。

职业生涯的生存期，拼命成长。能力、认知、心力，都要成长。

职业生涯的上升期，要加速度。价值＝客户 × 流程。服务最好的客户，在价值链中占据更重要的位置。

职业生涯的使命期，寻找意义。自我实现的愿望，能让人走得很远。

最后还有一条最重要的启发，我想单独分享给你：每个人都应该为自己的职业生涯做选择。因为我们接受的教育，一直都是追求更好，更好，更好。没得选，或者选择有限。

毕业后，面临人生第一次真正的选择，很多人非常害怕。多数人为了逃避真正的选择，愿意做任何事情。比如，为了逃避而考研。比如，为了逃避而出国。比如，为了逃避而啃老。然后，浪费了更多的时间和机会。

希望古典老师的分享，能让你对职业生涯有更加清晰的认识，能让选择变得不那么难，少走一些弯路。感谢古典老师。希望以上内容，能对你有所启发。

培养战略性思维

行业发展的三个阶段

假如你是清华大学一位非常优秀的计算机系毕业生,3个公司都给你发了 offer,让你去上班。一个是刚刚兴起的,拿到了 B 轮融资的搞人工智能的公司,它开的工资不是很高,因为是创业公司,给了你一些股份。第二个是类似于百度、阿里、腾讯这样的互联网公司,开了相当高的工资。第三个是一家很传统的机构,给你开了不错的工资,你知道在那里可以很稳定。请问,你会选择哪一个?这是一个很重要的人生决策,这个决策背后,有一个非常重要的商业逻辑,那就是"行业规律"。

行业规律是什么意思呢?任何一个行业的发展无外乎会经历这么几个阶段。

第一个阶段是"人无我有"。即做出一款别人想象不到的产品,这样便可以卖出很高的价格。完成这个阶段的企业,属于创造型团队。

第二个阶段是"人有我优"。当产品在市场上广泛铺开的时候,不同公司之间比的是产品性能的优势。比如，将产品的按钮做得大一些，配色高级一些，给用户提供良好的体验。

第三个阶段是"人优我廉"。大家都做得很好了，这个行业必然会进入第三阶段，就是你必须把东西卖得很便宜。一旦开始打价格战，说明这个行业基本上就走到头了，再往下走没什么好比的了，最后就必须得转型到另外一个行业。

个人选择职业的时候，要做个判断，知道那个行业基本上到了哪个阶段。如果工程技术已经发展到瓶颈期了，这个时候你进去，只能伴随它走向一个稳定的、不会有大发展的时代了。

举个例子。比如诺基亚，2010年的时候，诺基亚手机占全球40%的市场份额。当时诺基亚的广告是这么说的："你可以一天换一个彩壳，7天你可以用7个彩壳。"当一个手机开始以换壳为本的时候，这个行业工程技术的发展，差不多就算到头了。所以，

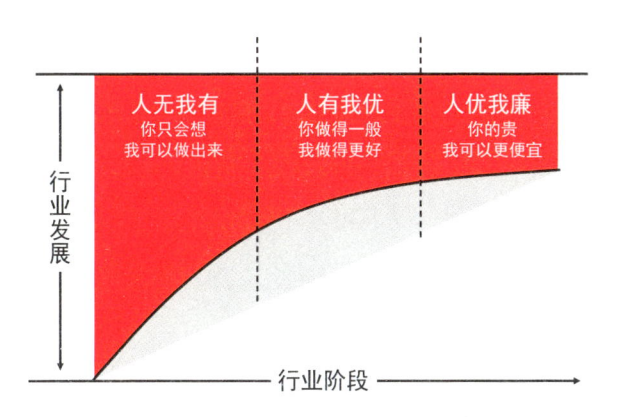

了解了一个行业的发展阶段，就会对自己的选择有一个预期。

本篇文章开头提到的三家公司，如果让我选择，我很有可能会选择第一家公司。因为随着时间的推移，它会越做越好。你投入了时间和精力，可能会获得越来越大的收益。

选择行业，在行业中间选择具体的某个企业，其实是在"人无我有""人有我优"和"人优我廉"中做个选择。

为什么商业逻辑可以影响到我们的人生决策？我们在一个公司里应该如何选择岗位呢？我们做哪件事是最有价值的呢？我们做这样的决定的时候，就要去思考每一家公司的核心价值是由哪一个部分创造出来的。只有从事该公司核心价值部分的工作，才会在这家公司获得长远发展。

比如，宝洁公司是做日化产品的。如果你要去宝洁公司工作，应该去它的哪个部门？其实，宝洁最核心的部门是营销。洗发水真正的强项在于它通过各种各样的营销手段，最终影响了消费者的认知。所以，如果你要在宝洁公司获得长远发展，就必须得去做市场，就必须走品牌，必须在这方面培养你的核心能力。而在微软，最核心的部门是工程师部门，最重要的是产品。如果你是个做IT的技术人员，在宝洁和微软之间应该如何选择呢？很明显，你应该选择微软。如果是通用电气公司，它最核心的、真正创造价值的、最大的收入来源是金融部门，所以你要真正掌握金融投资能力和并购能力。

当你理解了一个公司核心的商业逻辑，它最重要的创造价值

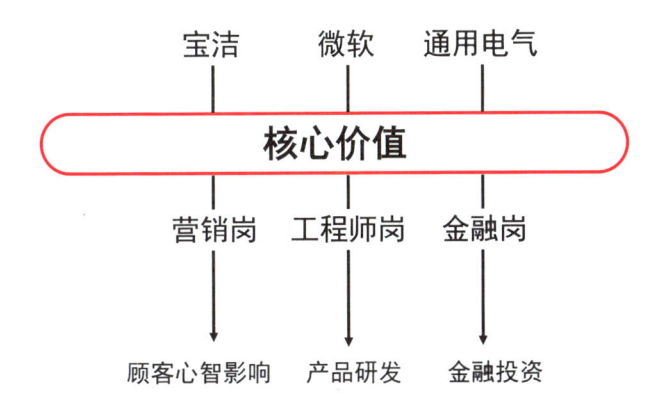

```
         宝洁      微软     通用电气
          │        │         │
    ┌─────┴────────┴─────────┴─────┐
    │         核心价值              │
    └─────┬────────┬─────────┬─────┘
          │        │         │
        营销岗   工程师岗    金融岗
          │        │         │
          ▼        ▼         ▼
      顾客心智影响 产品研发  金融投资
```

的部分，你就有机会去选择你在那个公司里面占据哪个位置会是最有发展的。反过来说，如果你拥有了一种能力，就会知道拥有这种能力应该去哪一个行业，去哪一个公司会对你未来的发展是最有帮助的。其实每一个选择背后都有商业逻辑，希望大家可以通过对商业的洞察，对人与人之间每一个交易的理解，做出一些真正聪明的决定。

战略思考能力

　　老板真正擅长的是制定战略。他能选择正确的方向，选择正确的商业模式，选择正确的打法，所以他可以做老板。作为一个员工，作为一个手工艺人，不管做什么，都要培养自己的战略能力。

其实很多人对别人成功是特别关注的,大家很想研究别人是怎么成功的。但在这一点上,我特别想提醒大家,在心理学中——其实也是经济学中一个非常重要的概念——"幸存者偏见"。

往往那些成功的企业家不知道自己是怎么成功的,但是他们特别喜欢到处讲自己是怎么成功的。这个时候如果你没有独立的战略思考能力,你听了,很有可能就相信了,之后你用这样的方法来指导自己,但未必能够获得成功。

如何才能获得持续的成功呢?你必须拥有战略思考的能力。如何具备这种能力呢?下面举几个例子,具体讲讲每个公司到底应该怎样具备这种能力。

2005年很长的一段时间里,我组建了一个名为国际青年成就(Junior Achievement)的公益组织,担任其中国区的理事。当时看了很多的公益项目,发现公益这行业很有意思,大家热情高涨,发自内心地要把一件事做好,但是缺乏战略思维。比如,有些公益机构发出倡导人们捐书的通知,在双休日跑到地铁口摆摊收书。通常来说,人们会把家里的四大名著和小学课本捐过去。因为那些书一直在家里放着没人看,扔了又觉得可惜,于是就会拿出去捐赠。所以,山区里面的小孩子收到的全部是四大名著和小学课本,但也没人看。

后来有一个机构,有更好的战略思维。这个机构找了当时的知名连锁品牌真维斯谈合作。真维斯有好几千家门店,可以作为持续的捐书点。这样一来,匹配效率就提高了很多,就不需要在双休日碰运气式地去找书了。

还有个公益机构具有很有效的战略思维，他们是这么干的：负责人直接去了某图书馆，与馆长谈好，图书馆所有需要清理的旧书，由该公益机构运到山区。这样一来，既帮图书馆省去了以往处理旧书所耗费的钱财，又为山区的孩子提供了多种品类的图书。

即便是做公益事业，如果你具备了独立的战略思考能力，就有机会做出非凡的成就。有一些公益事业虽然是发自内心的，即便创造了社会价值，但是因为没有战略思考，所以可能比不上其消耗的社会价值。

如何具备这种能力呢？具体分为两点。

第一点，养成一种系统化的思考能力。什么叫系统化思考能力？即学会关联地思考问题、整体地思考问题、动态地思考问题。

当你看到桌子，看到地板，看到的不是桌子和地板，而是桌子和地板之间的关系，因为重力这个要素，它们碰到了一起，这叫作关联地思考问题。

炎热的夏季，一个房间里有20个人，空调开热一点儿里面的人就会出来一些，这叫整体地思考问题。即当你看到一个系统时，用输入和输出的逻辑去理解一切的事情，而不是要去影响里面的每一个要素。

动态思考问题的逻辑是，把时间轴纳入考虑要素中。

有一本名为 *How Google Works* 的书，中文翻译为《谷歌是怎么工作的》。我曾在这本书里看到一句话，说谷歌之所以能获得

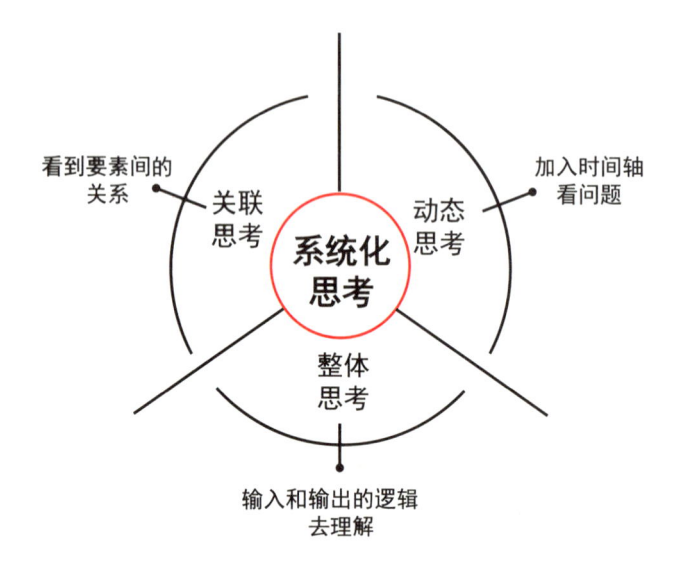

```
                    系统化思考
        关联思考        动态思考
看到要素间的          加入时间轴
  关系              看问题
        整体思考
     输入和输出的逻辑
       去理解
```

今天的成功，最大的原因是它一直在雇全世界最优秀的人。看到这句话之后，我就知道这明显是犯了"幸存者偏见"的错误，即成功的人总是认为自己成功的原因是那些"高、大、上"的要素，因为自己雇了最优秀的人，所以成功了。

可是在谷歌还没有成功的时候，根本就没人相信它未来会成功，那时候它根本找不到所谓最优秀的人。马云在阿里早期的时候，说过这么一句话："只要看到路上不残疾的人，就全都拉到阿里来工作。"马云在早期到哪儿去找优秀的人？恰恰是这些在今天的眼光看来未必是最优秀的人，创造了阿里的成功。

谷歌成功之后，那些所谓优秀的人才陆陆续续因为它的成功而加入，然后不断迭代往前走。谷歌和阿里早期的成功不是因为找到了最优秀的人，而是因为选择了正确的技术和正确的商业模式。

如果将时间轴纳入考虑要素中，就会知道：要学2000年的谷歌，要学2003年的淘宝，要学1985年的微软。把时间轴加进去之后，你才会理解一件事情的因果、逻辑和关系，才会有一个独立的战略思维。

第二点是因果律。

比如，一按开关，灯就亮了，这是一个因果关系。比如，一旦有巨大的用户资源，就可以把流量变现，这也是因果关系。比如，你手上有个特别好的产品，交通一旦发达就可以卖到全中国，这还是因果关系。

如果你心中存储了无数的因果关系，再加上系统性的思维，你就有机会在任何一个可能性的结果出现之后具有一个真正的归因能力，这就是一种独立的战略思考。

有了这种战略思考，你可能会超越你的同事，超越你的经理，用一种"上帝视角"来看待问题。这个时候你就有一种与上司平等对话的能力，未来甚至会比他更成功。

三种杠杆

我想谈一个关键词——杠杆。"杠杆"在经济学中是一个非常重要的词，但是为什么把它放在我要谈的话题中？因为一个人拼命努力单纯是为了改善现状也好，还是为了实现财务自由也罢，他必须得应用杠杆。

举个例子。当你在打工的时候，你其实是把自己的时间出售给了公司，你跟公司之间是某种时间买卖的合约关系。所以在这种合约关系之下，你的时间单价有可能跟别人不同，你的时间单价可能会很高，你非常贵。比如说你是个自由职业者，你给别人理发或者你做咨询师、医生，不管你做什么，你其实买卖的都是一种最基本的资源，或者说其实你唯一可以买卖的最基本的资源就是你的专业。

专业

第一种杠杆，也是最基本的杠杆，叫作专业。怎样才能称得上专业？同样一件事，你比别人做得好，因此也有底气开出较高的条件，这就叫作杠杆。人一旦有了专业性的杠杆之后，就可以让单价比别人高，但是它有一个限制，这个限制罗振宇曾经说过，每一个人的时间最终是有限的。一个人一天可能工作 8 个小时或 16 个小时，但是不能工作 24 个小时。所以，年轻的时候千万不要去想这个问题，因果关系不要颠倒。

很多年轻人会想，今年公司付我多少钱，付我这个钱我就干这个活儿，付我那个钱我就干那个活儿。恰恰相反，你应该把公司付你的钱只当成一个额外的赠送，当成一个福利，你真正获得的价值是让你的专业性杠杆获得极大的提升。在这个阶段，努力让自己变得更专业，才有走向财务自由的资本。

管理

一个人的时间毕竟是有限的，所以需要借助别人的时间，也就是说，要利用团队来干活儿。这个时候你就会成为一个企业主，或者成为一个管理者，也便拥有了一个巨大的杠杆——管理。管10个人，这个杠杆就乘以10；管2000个人，杠杆就乘以2000；管3万人，杠杆就乘以3万。在这个阶段，你一旦拥有真正的管人的能力，你的杠杆就被无限地放大了。

如何才能拥有管人的能力？我们有三周的内容，一周专门讲从员工到经理，一周讲从经理到总监，一周讲从总监到CEO。我稍微举几个例子来说管人这件事。我们在从员工到经理这周里面举过一个例子，说人生的第一个管理问题（一定是这个）就是员工不如你，这是经常会遇到的一个挑战。所以你从一个员工成长为经理了，你的那些同事为什么没有来做这个经理？是因为他们不如你嘛。所以员工不如你，是一个经常遇到的情况。可是员工不如你的时候，他们干着干着，你总是觉得干得不好啊，怎么能干成这个样子，于是你说："放着，我来。"这四个字，就说明你始终没有跳出一个利用人这个资源做杠杆的基本框架，你始终是把自己作为一个专业的人在培养，而没有作为一个管理者在培养。

我2001年开始在微软做管理，一直到2013年离开，大概做了12年的经理人。我第一次做管理的时候，我的老板给了我非常大的触动，给了我特别特别大的帮助。有一次我们搞了一个大活动，大活动结束之后我要写一份报告，寄到美国去。因为那份报告特别重要，所以我十分紧张。我把那份全英文的报告写完之后，发给了我的老板一封长长的电子邮件。老板在报告上做了详细的批注，我按照他的意见改好后又发给他，他再次做了批注，就这样来来回回改了好多次，直到第二天早上七点钟，我才将邮件寄往美国。

如今想到这件事，我真的特别感激我的老板。为什么？因为他其实花了跟我同样多的时间修改那份报告。从效率的角度来说，他帮我改一遍是最省时间的，但是他不改。他不改的目的是什么？就是要帮助我成长。最后只有我获得了成长，我才能真正帮他去做这方面的事，他才能成为一个管理者。我认为他是一个真正的管理者。很多的管理者一开始没有办法接受"员工不如我"这样的事实，没有办法把自己从一个真正的执行者拉到一个管理者的身份。若想成为一名合格的管理者，一定要做好这个基本的转变。

我再举个例子。人要利用人和团队这个杠杆来做事，获得真正的财富积累。今天很多的创业者从大公司出来之后都特别喜欢说一句话："如果有一天我自己创业，绝对不能像谷歌这么管公司，绝对不能像微软那么管公司……"我听过太多这样的说法。他们总觉得谷歌和微软那么大的公司管理起来是有问题的。有人觉得，罗辑思维只有30人的时候多好啊，如今有180人了，管理起来就很有挑战。

但是公司终究要发展，总有一天你会发现，180人的管法跟30人真不同啊！这个时候你会明白一件事，你对30人那个状态的怀念就相当于对童年的不舍一样。比如人到30岁的时候，再想想10岁的时候是多么富有童真啊！但是那个时候再也回不去了。

创业公司对小规模时期的怀念，相当于人对童年阶段的不舍，但终究要告别。而在这之后，管理者需要把战略流程化、流程工具化，最终一定要分部门，一定要有KPI。很多人痛恨考核这个过程。对员工进行考核是可行的，但是考核结果会有个问题，结果一旦可以被考核的时候，它就已经发生了，业绩不好就已经不好了，项目做砸就已经做砸了，所以已经没法改变了。人只有在考核之前，才有机会影响那个尚未发生的结果。

所有公司在成熟期要经历的这个阶段，相当于个人从经理到总监所经历的成长。具备了相应的能力，才可以成为真正的总监。

在从总监成为CEO之后，还要具备一项能力——平衡。这个世界上只有相对好的决定，只有当时平衡的决定，没有完美的决定。平衡是管理者到了CEO这个级别的时候心里的一杆秤。

微软的技术支持员工有三项非常重要的考核指标：第一项考核是一天能解决几个技术问题；第二项考核是解决每个技术问题花了多少时间；第三项考核是解决问题的单位时间乘以当日问题

的总数。

举个例子。比如，一位工程师想在领导面前表现自己技术能力特别强，故意把解决单个问题的时长说得短一点儿。但是，这同时带来一个问题，由于每天需要解决的问题的个数是无法预测的，所以用解决单个问题的时长乘以当日问题的总数，当天的工作总时长反而会变短。倘若为了让领导觉得自己工作很辛苦，把解决单个问题的时长说得长一些，那么又会被怀疑技术能力太差。

我经常会说这么一句话："你这不是个坏问题，但我没有一个好答案。"身为 CEO 级别的管理者，你要明白管理最终都是平衡的艺术。

资本

当你积累了大量的人脉，从 25 岁工作到 45 岁之后呢？这个时候你要想获得财富，你的时间乘以的杠杆，已经不再是个人的

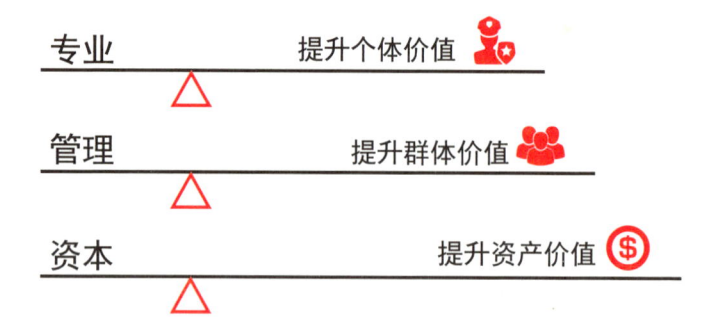

专业	提升个体价值
管理	提升群体价值
资本	提升资产价值

专业性，也不再是团队的人数了，而是你的资本。所以资本是终极的杠杆，把钱投在合适的项目上，投在合适的人身上，是很多人走到最后的那一步要干的事情。但这又需要你有对商业的洞察，以及你在管理期间积累的经验。用这些东西，加上你积累的人脉，你才有机会让钱生钱，资本才会产生它的价值。

实现财务自由，在单位时间内稍微做点儿工作就能赚很多钱，这是很多人的梦想。实现这个梦想，需要三个方面的杠杆：第一个是在专业性方面有所积累，成为所在领域最优秀的人；第二个是管理能力的积累；第三个是资本的积累，且要拥有强大的对商业和人的判断力，把资本用在合适的项目上。

向上管理

讲向上管理的时候，大家觉得向上管老板这事真的可行吗？其实我要讲的内容并不真的叫向上管理，因为我觉得这个世界上没有一种东西叫向上管理。我是说所有的管理本质上都是一种影响力，都是促使你影响别人。如果你拥有一种影响力的话，那你就可以影响你的老板，影响你的下属，影响你的同级，影响你的合作伙伴，甚至可以影响你的客户，影响你的家人，影响你的朋友，影响一切的人。理解了影响力的来源，才会明白管理的权力来源是什么。

下面先讲一讲商业的构成，为什么会有老板这个概念。你想过没有，公司制度是什么时候开始有的？工业化时代才开始有公司这个概念，中国以前都没有公司这个概念。所以雇员和老板的概念是在距今不到100年的时间才产生的，那么100年之前人们是怎么沟通的呢？人们之间是什么关系呢？也许是师徒制。师徒制再往前又是什么关系呢？其实，所有的关系到最后都是一种合伙关系。

我想给大家介绍一个最基本的概念，这个世界上只有一种关系，就是基于价值的合伙关系。只有这种关系，没有任何其他关系。

那么，你跟你的发小是基于价值的合伙关系吗？当然是。为什么？因为你从小花了20年、30年时间积累了深厚的感情，在遇到问题的时候首先找他倾诉，所以他对你是有巨大的价值的。因为有巨大的价值，所以你们就一直作为朋友合作下去了。

你跟你的家人也是吗？你跟你的爱人也是吗？你跟你的孩子也是吗？都是的，这个世界上只有一种关系，叫基于价值的合伙关系。

所以，你要思考自己对别人的价值是什么，如何能帮到别人。反过来说，别人为什么要为你帮到他而对你付出回报。这个回报可能是钱，也可能是别的东西。

很早的时候，挪威是海上贸易十分发达的国家，当时的挪威人发明了一种非常有趣的合作模式，叫作合伙人制度。有钱人出船，那些还没有积累财富的人出力。出力的人开着船完成相应的贸易活动，把钱带给出钱的人。双方根据不同比例分配赚来的钱，建立一种合伙关系。

到了工业化时代，因为要买机器，做生产线、流水线，买设备，买原材料，这些都是资本换来的，所以资本在工业化时代是有巨大的话语权的，于是产生了一种不平等的关系——雇佣关系。雇佣关系在整个人类历史上并不是一直存在的，只是存在了一小段的时间，大部分时候都是合伙关系。未来是否还会有雇佣关系呢？我相信一定还会有，但是总体来说雇佣关系中的合伙成分会越来越多。在今天这个时代，人才比资本更加重要，个人影响力逐渐扩大，所以很多公司都在推行合伙人制度。

个人的影响力来自其手中的权力，而权力无外乎分为压力性权力和动力性权力两种。

什么叫压力性权力？比如你今天有几件事没做好，被老板罚款，这叫压力性权力；若是做得好，老板给你涨工资、加奖金，这也是压力性权力。

表面上看去，老板似乎有很大的权力，可以决定员工的奖惩，但是实际上，权力是由接收者来定的。员工决定听老板的，老板方可行使其权力；员工若是撂挑子走人，老板的权力则无法实施。

那么，如何才能让别人接受你行使权力呢？这就涉及了动力性权力。压力性权力在某些时候可以用，但更多的时候真正的权力来自正向的鼓励性的权力，即动力性权力。

动力性权力包括表率权和专家权。

一个严于律己的人，会努力把事情做到最好，进而影响到他人，即为表率权。

一个人在其工作领域是个佼佼者，诸多环节都比他人精通，可以为他人分配工作，指导他人行动，即为专家权。

人一旦拥有了表率权和专家权，就不会去纠结什么叫向上管理，什么叫向下管理，什么叫向左管理，什么叫向右管理，因为这两种权力可以影响所有人。你会发现一旦拥有表率权，你和客户合作的时候，仿佛你是甲方，客户是乙方。这正是因为客户相信你的能力。你和合作伙伴也是一样，合作伙伴知道你非常讲诚信，就会非常愿意与你合作。对老板也是一样，你若想向上管理老板，就要拥有表率权和专家权，表示自己有将事情做得非常好的能力。

技术高超　这事干得漂亮　专家权　影响力　表率权　严以律己　把事做到最好

如何对老板施加自己的影响力呢？首先要跟老板建立一种信任，这种信任是行使你的专家权和表率权的一个前提。信任怎么去建立呢？老板交代你一项任务，让你第二天去见一下客户张总，你去了之后，张总正好不在公司。回到公司之后，你千万不要什么都不说就结束了，或者老板不问你你就不说了，你一定要让他时刻保留知情权。你说："老板，我去的时候，张总不在公司，我见到了那个负责技术的副总。我和副总聊了半天，感觉很不错，我们约好下周三再碰面。我觉得方案还有一些修改空间，我改完之后发给您看一下，下周三我再去见他，您看好不好？"这个时候老板几乎只会回你一个"好"字。当老板给你回这个"好"字的时候，你千万不要觉得老板不想搭理你，那是老板对你产生了一种信任。产生信任之后，你要存储在他那儿的影响，最终才能把影响力拿出来用。

怎么去存储这种影响呢？要不断让他感受到你的专家权。在《5分钟商学院》里面，我会建议很多学员经常把《5分钟商学院》里面一些跟管理相关的内容分享给老板看。很多人听完课程之后会抱怨："你说得很好，但我老板做不到。"但是我们本身是要求大家反求诸己，提高自己的。如果老板做不到，你应该经常去分享你对这些问题的看法，这样会在老板面前存储你的影响力。

要懂得向上沟通。向上沟通的逻辑是什么呢？遇到问题，如果你说："老板，这件事我不知道该怎么办。您说怎么办？"这个时候老板可能会说："你回去想一想，你总得拿出几个方案来。"一定记得，你要带两个或者三个方案去，千万不要只带问题去。带两三个方案去之后，老板会说："这三个方案听上去都有道理啊，你觉得哪一个是合适的呀？"你应该跟你老板说："您以前不是经常说产品是公司关注的重点嘛，所以根据您的这个观点，我认为第一个和第二个是更加有优势的。"老板一听觉得不错，

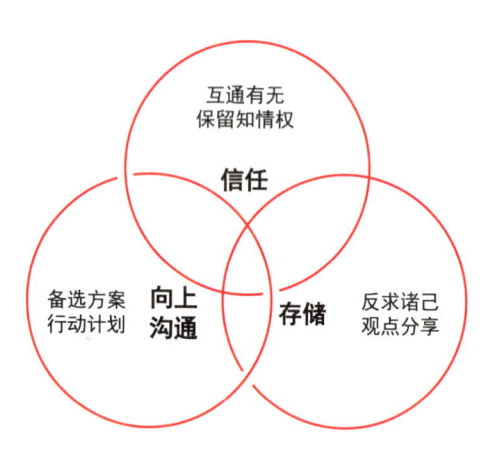

```
          互通有无
          保留知情权
            信任

  备选方案  向上        反求诸己
  行动计划  沟通  存储  观点分享
```

然后就会接着问你："那第一个、第二个里面如果再选一个呢？"你需要向老板说明自己的选择，并讲清楚自己所选方案会产生什么样的效果，可能会遇到什么问题，以及放弃另一个方案的原因。老板听到这些，几乎会被你折服。

向上管理老板的目的并不是拍马屁，而是因为老板手上掌握了一些资源。你要做好一件事，需要老板手上的资源，你只有用这样的方法才能把老板的资源拿过来为己所用，这样方可影响你的老板，影响你的员工，影响你的同事，影响你的合作伙伴，影响你的家人，影响你的客户，影响你周围的所有人。

真正的向上管理，我认为它是个不存在的概念。这个世界上只有一种能力，就是影响力。想要获得影响力，就要具备基于价值的合伙的那种能力。

结语 CONCLUSION

用商业看行业，用行业看企业，用企业看个人。

人们天然地恐惧损失，所以会把钱存在不同的心理账户中。

很多人依凭自己的直觉做选择。但是精英们会打破这种直觉，用知识指导自己的行动。

你的老板究竟比你强在哪里？答案：战略。因为老板选择了正确的方向、打法、商业模式，所以比你成功。

学会培养自己的战略思维。

什么是战略思维？比如捐书。有些机构的做法是，跑到地铁口，号召人们捐书。聪明的公司选择与真维斯合作，任何时候都可以捐助。更聪明的做法是与图书馆合作，图书馆每年把要扔的旧书都捐赠出来。

REPLAY
➜ 复盘时刻

1 我非常喜欢一句话：难走的路，从不拥挤。

2 简单的事比后期，困难的事比前期。

3 如果是我，我会选择做困难的事情。因为所有难的事情都会越来越简单，而简单的事情都会越来越难。

4 赚钱从来都不是商业的起点，而是终点。

5 而创业是把一件事坚持做到极致。一定程度的"傻"，有助于这种坚持。

6 我们最容易犯的错误：总是在牌好时孤注一掷，牌差时不及时止损。

7 把篮子换成容器，开始往里面装点滴价值，时间越长，越身强力壮。

8 OKR是目标如何执行，而KPI，是目标如何管理。

9 先复盘，再翻盘。PDCA 循环，有另一个响当当的大名——戴明循环。P—D—C—A 四个字母，分别代表——Plan（计划）、Do（行动）、Check（检查）、Act（处理）。

10 成年人要能为自己的选择和决定负责。

PART FOUR

人生需要不断地重启

思维进化

4

深度思考三把刀,斩断险阻

"要如何抓住时代热潮,抓住变革的机会?"靠努力吗?努力是很重要,但不是最重要的。

美团创始人王兴曾经说过:多数人为了逃避真正的思考,愿意做任何事情。这是很多人的状态,行动上的勤奋,掩盖了思维上的懒惰。

没有方向的努力就像无头苍蝇,没有目标的勤奋会四处碰壁。唯有深度思考,才能成为你在未来披荆斩棘的武器。

进化思维

也许有人会问:"要如何抓住时代热潮,抓住变革的机会?"

或许有人会告诉你,坚持不懈地努力。我会说,不,这是一句毒鸡汤。**我很害怕所有的忙,都是瞎忙。没有方向的努力就像无头苍蝇,没有目标的勤奋会四处碰壁。**

我常说要成为有上帝视角的操盘手,当你拥有了上帝视角,才能敏锐发现世界的脉动,踏准时代的节拍。而上帝视角,就是提炼一套抽象化的思维方式，理性看待这个世界的本质问题。

而世界的本质，是流动的，是变幻的，是进化的。把历史平铺摊开在桌面，加上一条长长的时间轴，你就会发现世界不断进化，我们都被推着往前走。

那些拥抱不确定性和热爱变化的人，选择主动走在了前头；那些冥顽恪守、止步不前的人，就落后于时代的潮头。

进化思维，就是接受世界在不停进化，倒逼自己协同进化。举个例子，我们还是回到"零售"这个场景和主题。曾经，线下零售就像地心说一样，被当作零售的本质。

后来，互联网电商出现了，人们发现，线下零售原来只是零售的一种形态，并不是本质，甚至不是最有效率的一种形态。

这时，很多人开始信仰像日心说一样的互联网电商。同样，互联网电商也遇到了流量发展的瓶颈，被证明也不是本质。很多传统线下零售商就像地心说拥护者一样，欢欣鼓舞：你看，总算要"回归本质"了吧。

这些揶揄和嘲讽，就是看不懂时代在进化。而且，互联网电商遇到的问题，也并不能证明线下零售就是本质。

西尔斯是19世纪的新零售，沃尔玛是20世纪的新零售，小米、盒马鲜生等公司是当前的新零售。零售一直也一定会继续往前走。它的本质在前面，永远不在后面。这就是"进化思维"。

看懂了公司，也就能看懂人。人也是一样，人的思维模式、认知格局必须和生物体一样，不断进化，才能适应快速变化的世界。

我们今天对于世界的"新"理解,也一定会在某一天显得很"旧"。进化,必须一步一步往前走,从不停止。

所有的新零售,都会变成旧零售;

所有的新媒体,也会变成旧媒体;

所有的年轻人,也将变成老年人。

加入时间轴,用俯视的眼光看待历史的变迁,就会发现世界永远都在进化,从不停歇。**我们必须和世界相拥,协同进化,才能一直走在路上。**

本质思维

我们特别容易被方法论带来的成功蒙蔽双眼,陷入归因的谬误,忘记什么是本质。

如果这些特定的方法论都可以准确无误地领着你走向成功,那么世界上就不会有失败者,最成功的人可能是慷慨激昂的传销大师。

本质思维,是我送给你披荆斩棘的第二把刀。

比如说,零售的本质,是连接人与货的场;而场的本质,是信息流、资金流和物流的万千组合。比如说,你和企业的关系,本质是合伙关系,是公开市场上彼此符合心意的选择。比如说,你和甲方的关系,本质是稀缺资源在哪一方的关系。

不是甲方很难伺候，而是你还没有能力，把乙方做成甲方，还没有交易的价值。这个世界上，没有甲方、乙方，只有交易的双方，掌握稀缺资源的一方，就是强势的一方。

在这里，想看似出戏地多说一句，那你现在知道，维护伴侣关系的本质是什么吗？是对方认为最稀缺的资源，是关怀和时间。

所以，在个人成长上，我们需要抓住事物的本质，心态要稳，判断要准，下手要狠。洞悉一件事物的本质，胜过走马观花万千皮毛。

你看，知晓事物的本质，到底有多么令人兴奋——你更能看懂一个行业，能更好地工作，你的伴侣甚至很少和你吵架了。

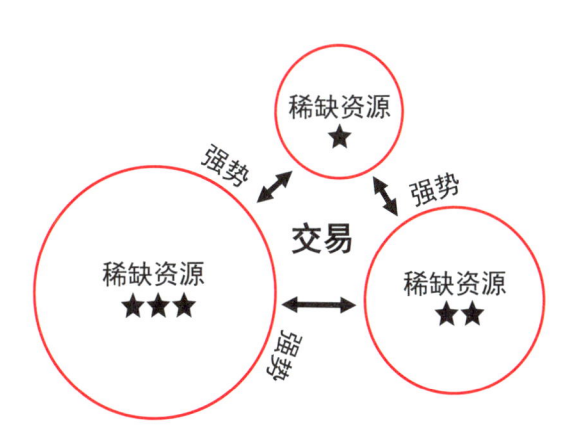

系统思维

有了不断进化的思想，有了洞悉本质的双眼，我们还需要什么？构建系统的能力。

在商业世界中，我们经常大谈商业模式，可究竟什么是商业模式？所谓的商业模式，就是利益相关者的交易结构。

什么意思？就是指在新技术、新思维条件下，交易结构发生了变化，必须有相应的系统思维与之对应，解构这些系统，优化组合，获得新的增长动力。

是不是依然很拗口？直接用人生的商业模式来举例吧。人生的商业模式，就是一个系统，这个系统，是能力、效率、杠杆三个要素的乘积组合。想要实现跨越，就要懂得提高自己的能力，让人生过得有效率，善于利用杠杆。

能力

初入职场的年轻人，口袋里没有那么多钱，却有着充沛的时间。年轻人把时间统一出售批发给雇主，不仅仅要换钱，更要有能力的跃迁。

我回过头去看自己年轻的时候，蓦然发现，那些自己学过的东西，尽管学的时候不知道有没有用，但是在未来的某个时刻，就派上了大用场。

我大学专业是数学，但我当时去广告公司实习，做平面设计。

后来求职的时候，我自己精心做了一份简历。现在的简历讲究"薄"，当时的简历以"厚"为美，于是我把自己写过的论文、各种证书、推荐信都装订在一起。

我特地做成彩色的，用信纸对折，中脊装订。我想，这本"史记"，在人事部上百份简历中，一定是最别出心裁的。我一共只投了两份简历，然后获得两个面试通知，最后挑选了其中一家公司。

如果我当时不好好学设计，只是当作一份薪水来源，就不一定能进入我向往的公司；同理，如果我做工程师不把解决问题的能力培养好，不把服务客户的感觉培养好，那今天做管理咨询就很难有强烈的同理心。

所以我会说，榨干一切你能学习的东西，不要手软，尽管去做！ 去提升自己的能力。**能力，是你人生最深的护城河。**

效率

我还记得，有人曾经问我，哪本书对我的影响最大。我的回答是《高效能人士的七个习惯》，没有之一。

对于高效的人生，我只有一句话想说：这不是枯燥机械的人生，是秩序自律焕发的美丽。**效率，是你人生最稳定的助推剂。**

杠杆

有一个伟大的科学家，你肯定听说过，他叫阿基米德。阿基米德痴迷于杠杆的力量,只要给他一个支点,他能撬起整个地球。

那么,你人生的杠杆是什么?从批发时间的打工者,到零售时间的手艺人,再到购买他人时间成立团队的管理者——时间杠杆,能让你控制稍纵即逝的时光。用钱生钱,投资股票、房产——金融杠杆,可以放大财富的效应。做一款惊艳的产品,自豪地说我没有白活,我也是有故事的人——产品杠杆,可以不断叠加能力,让你有脚踏实地的感觉。

杠杆,是你人生最珍贵的好武器。在这所有的背后,是系统思维的底层逻辑。商业和人生,都是大系统。

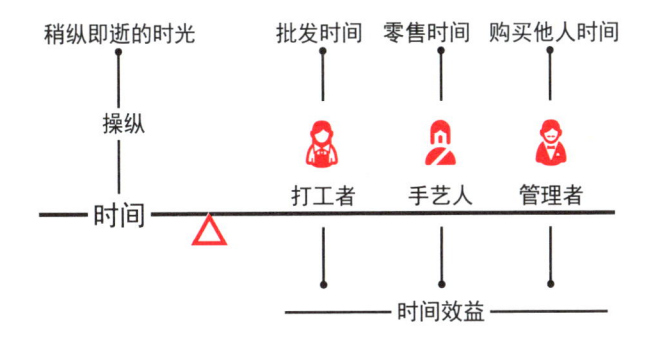

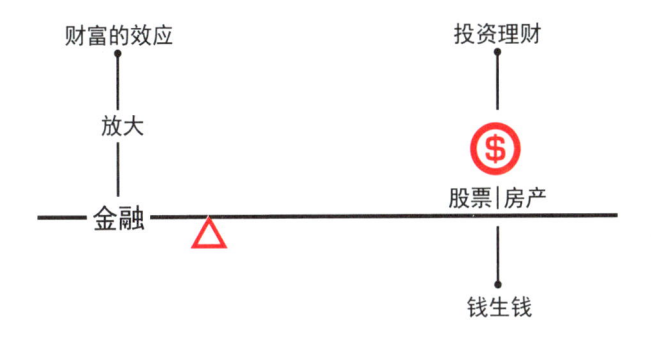

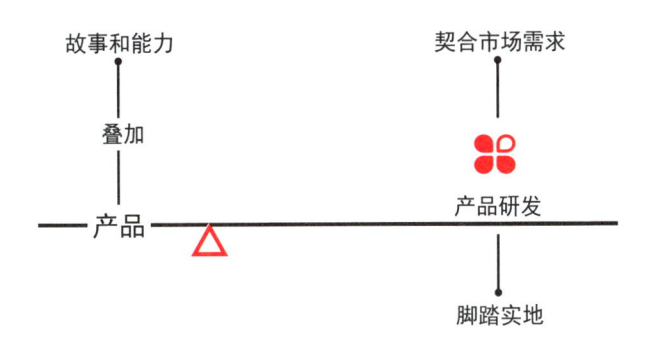

稍纵即逝的时光　批发时间　零售时间　购买他人时间

操纵

时间　　　△　　打工者　　手艺人　　管理者

时间效益

财富的效应　　　　　投资理财

放大

金融　　△　　　　股票|房产

钱生钱

故事和能力　　　　契合市场需求

叠加

产品　　△　　　　产品研发

脚踏实地

结语 CONCLUSION

美团创始人王兴曾经说过：多数人为了逃避真正的思考，愿意做任何事情。这是很多人的状态，行动上的勤奋，掩盖了思维上的懒惰。希望你能用这三把刀，斩断险阻。

用进化思维，接受所有你曾经信仰的东西都不是最终的完美状态，一切都在进化；用本质思维，不断深挖，区分方法论和本质的差别，在变革时代，基于本质寻找新的方法论；用系统思维，解构、重组所有本质的要素，吹去灰尘，重新合上开关，看着澎湃的动力，推动你的商业模式一路飞奔。

求学如此，工作如此，感情也是如此。

人生就是如此，不断奔走。有了好的思维模型，有了这三把刀，我相信你能走得更有方向，走得更加从容。

比认知盲区更可怕的，是你的思想钢印

不要让你的"思想钢印"，阻碍你前进的步伐。

前些日子，我和儿子小米一起看了《我不是药神》。看完后，我想听听面对这样的道德困境，小米有什么看法。于是我们认真地讨论了一下。整个观影过程，小米的情绪明显是随着病人在波动的。我很高兴，因为他是善良的。看完后，我问小米，那个药厂就一定邪恶吗？小米说，不。但是如果能"不让中间商赚差价"，也许更多病人可以被救。我也很高兴，因为他有自己的商业思考。

我和小米解释，正版药 4 万元一瓶，盗版药 2000 元一瓶的原因，可能不是中间商赚差价，而是因为罕见病的高额研发费用，必须在很短的专利期从很少的人身上赚回来，以保证药厂能赚钱，从而愿意研发更多新药。

这就几乎必然导致了药价很贵。

药价昂贵，药厂挣钱，开发新药，但社会底层的病人就会死；药价便宜，穷人得救，药厂亏钱，无人研发新药，更多人会死。

我想，这是小米第一次面对这样左右都会有人死的道德困境。他显然很震惊。

他第一次见到底层病人的绝望，而且居然可能无解。

怎么办？保险的价值，这时候就真正体现了。

大量普通人在"无知之幕"后，每天多交一点点钱，可能就会救活打开大幕后，一不小心得罕见病的自己。

这就是保险的价值，商业的价值。这是从社会的角度思考。从个人的角度呢？

小米说，还是得有能让自己获得安全感的钱。努力变得强大，保护自己。

小米幼小的心灵，被真实而残酷的社会撞了一下，希望他不会因此而害怕。相反，希望他能变得更加坚强，更加善良。

我对小米说，我能做到的，就是挣到让他有安全感的钱。不要怕。而他，需要努力成长，变得强大，总有一天让他的孩子有一样的安全感。祝天下没有不幸。

如果不可能，那就让我们强大到足以面对一切不幸。但是，比遭遇不幸更可怕的是什么？是"思想钢印"。

不粉碎潜伏在体内的"思想钢印"，一百个药神降世，也无力回天。

三种思想钢印

思想钢印，就是思想控制。

《孙子兵法》里强调，"不战而屈人之兵"是战争的最高谋略。

一枚枚思想钢印，就是一个个思想病毒。让你还没有开始尝试战斗，就已经缴械投降。

当思想钢印逐渐感染你的时候，你已经把你的命运和价值体系变成了任由别人来摆布的状态了。

只要在人的意识中打上思想钢印，人们就会默认某个事物，并用它来影响行为。思想钢印有很多变种，典型的有 3 种。

1. 无助型思想钢印

"这没有办法。""我不够优秀。""我没有背景，没有资源，不可能得到什么好机会。""我做不到。""我肯定不行。"

为什么说不粉碎潜伏在体内的思想钢印，就算一百个药神降

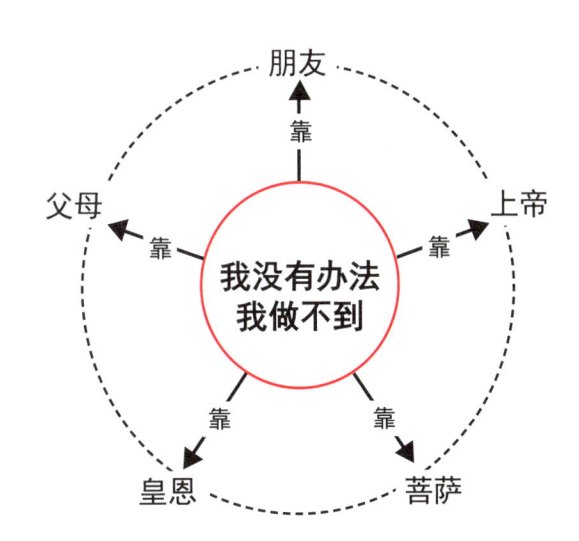

世，也无力回天？

来看看隐藏在电影《我不是药神》背后的思想钢印："我"只能依靠别人。

《遥远的救世主》中有段对白讲得很好：

传统思维的死结就在一个"靠"字上，在家靠父母，出门靠朋友，靠上帝，靠菩萨，靠皇恩。

总之靠什么都行，就是别靠自己。

程勇被张长林威胁，把药源让出来，不然就要报警。程勇叫大家来喝酒吃火锅，说："散伙吧。"程勇要散伙，这个伙，就真的散了。黄毛少年彭浩逼问程勇，不卖药病人就会死，一拳把酒杯砸得粉碎。老吕妻子哭诉："求求你了，救救老吕吧，孩子不能没有爸爸。"所有病人，一个个如丧考妣，觉得程勇断了他们的生路。这些人忙进忙出，跑里跑外，跳上跳下，抬来抬去，就没一个人问问程勇，如何找到货源，从印度把药品运到国内，过几道关卡，该跟谁接洽，有什么策略。

自始至终，没有一个人陪他走私。因为走私是犯法的，大家都知道。但是有为自己的性命，尝试付出过一点点努力吗？教堂老牧师和钢管舞女郎只管搭线和卖药，审判时，他们都坐在旁听席上。

你说我不会英语？我没有资金？

程勇并非英语很好，到印度也是找的翻译；程勇并非很有钱，他只想挣钱救老爹。

最后下大狱的，只有程勇一人。而程勇，并没有病。假药贩子张长林意味深长地说："我卖药这么多年，发现这世上只有一种病，穷病。这种病你没法治，你也治不过来。"

在无助型思想钢印的支配下，人们潜意识里会认为自己不行，只能听天由命。然后想方设法证明自己真的不行，放弃努力和尝试，蜷缩起来，悲哀地过完一生。

2. 无望型思想钢印

你跟他说事业，他怀疑是骗人；你跟他说学习，他说这是洗脑；你跟他说要改变，他说我这样挺好；你跟他说要尝试，他说万一不成咋办；你跟他说要多与人沟通，他说我不好意思；你跟他说成长是痛苦的，他说我就想岁月静好……

一个对自己一点儿要求都没有的人，请问他会有什么？

他可以为自己的行为找出 100 个理由来证明他是对的，却找不到一个理由是他需要改变的。

普通人改变结果，优秀的人改变原因，顶级优秀的人改变模型。

可悲的人，只有情绪和逃避。

所谓无望，就是你身处"不可能"的框架里，大脑对你的人生有太多的限制，这不可能，那不可能。

当你认定"不可能"的时候，你就不会再去尝试，你的人生就越来越局限。而事实上，很多不可能只是我们的想象，是一种自我设限的框架。

3. 无价值型思想钢印

什么叫无价值？就是内心总有这样的独白："我做得到，但我不值得拥有。"

黄启团老师曾经在《改变人生的谈话》一书中，讲述了自己的故事："读大学时期，由于出身贫寒，是我人生中最艰苦的时期。一个月只有60元生活费，30元奖学金，30元勤工俭学赚来。一天2块钱，自然不够花。食堂饭菜品类很丰富，自己每次却只能吃4两米饭、一勺最便宜的黄豆。同学看见后，于心不忍，就会多打一份排骨或者一份鸡肉请我吃。有人请吃好东西是好事，可当年的我却认为，这简直就是对我的侮辱。于是，每次放学的时候，我都会故意不跟同学们一起吃饭，这样就可以躲开同学们的热情投喂。排骨和鸡肉仅仅是我躲掉的看得见的东西，我同时躲掉的还有机会和友谊。后来研究心理学，我才搞明白，我为什么要把好吃的往外推，因为我觉得我不值得。"

当一个人有不值得的感觉时，他就会把很多好东西都推出去。

如果推出去的是一份排骨，还不用太过惋惜。如果推出去的是一见钟情的爱人，是重要的升迁机会，是值得奋斗一生的事业，又会如何呢？

一个人能力很强，很受领导的赏识，当组织想要让他承担更大责任，想要提拔他时，他却退缩了。

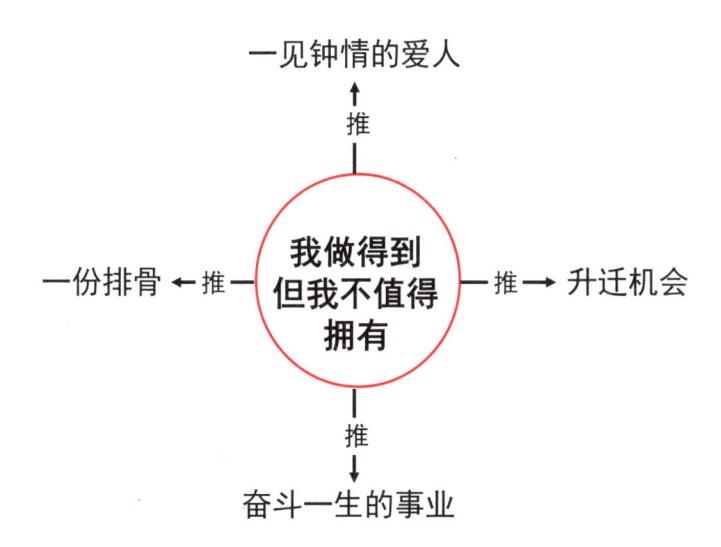

```
              一见钟情的爱人
                    ↑
                    推
                    │
  一份排骨 ← 推 ─ ( 我做得到 ) ─ 推 → 升迁机会
                  但我不值得
                    拥有
                    │
                    推
                    ↓
              奋斗一生的事业
```

一个人贪了几个亿的钱财，在一分钱都不敢花的同时，却还是在疯狂敛财，一旦停止脚步就惊恐万分。

这是来自童年"对贫穷的恐惧"的思想钢印已深入骨髓。日后所从事的关于钱的一切，都是为免于这种恐惧。

粉碎思想钢印的正确姿势

1. 永远不要自我设限

在《爱丽丝梦游仙境》里，有这么一段对话：

"我没法相信！"爱丽丝说。

"不能吗？"女王以怜悯的口吻说，"你再试试。做一次深呼吸，闭上眼睛。"

爱丽丝笑了笑。试也没用。

她说："人不可能相信不可能的事情。"

"那我敢说是你练习得不够多。"女王说，"当我像你这么大的时候，每天都练习半个小时。你知道吗？有时候早饭还没吃，我就已经相信六件不可能的事情了。"

如果你所谓的不可能，仅仅是一种可以改变的观念，并非事实呢？试试看。

把"他把我气疯了"，改成"我可以控制自己的情绪"；把"这件事根本不可能做到"，改成"给我点儿时间让我想想对策"；把"我不行，我学不会，我做不到"，改成"我行，我愿付出不亚于任何人的努力去尝试"；把"我做到了，我已经做得足够好了，我尽力了"，改成"还能更好，还能更优化，还能更努力"。

然后，把时间和精力投入到寻找解决问题的方法上。

2. 面对不确定性，选择拥抱而不是怀疑

在进化岛社群，曾经有同学向我提问：

自己36岁，步入中年，要进入一个全新的行业，特别慌，怎么办？

为什么会慌？因为害怕失去。人到中年，除了上有老下有小，还有没还完的房贷和车贷。现金流不敢断，也不敢轻易离职，更

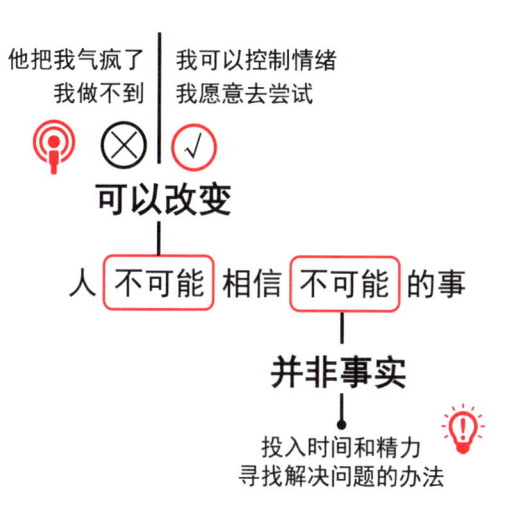

他把我气疯了 | 我可以控制情绪
我做不到 | 我愿意去尝试

可以改变

人 不可能 相信 不可能 的事

并非事实

投入时间和精力
寻找解决问题的办法

别说换一个全新的行业了。中年人的慌张,我特别理解。但是能成大事的人,也许并不是这么想的。

他们会去思考:难道保持现状就能避免风险吗?未来行业会不会下行?项目会不会进入瓶颈期?不去新行业的机会成本有多大?

除了慌张,他们能够把不确定性转化为自己的优势。他们会主动学习所在领域之外的知识,了解和自己领域无关的业务。然后做好准备,在适当的时机,进入一个全新的行业。

在面对不确定性的时候,他们会选择主动拥抱不确定性。他们甚至会兴奋,相信未来有无限可能。

3. 保持好奇心

那些能成大事的人,往往都保持着童年那种强烈的好奇心。

正是因为这种好奇心,驱动他们离开舒适区,获得更多新知识,不断拓展自己的边界。

优秀的人是怎么做这件事的?这件事还能做得更好吗?这件事情背后的运行规律是什么?

听到跟自己意见相左的观点,他们的第一反应不是反驳,而是产生强烈的兴趣:

咦?还有这种操作?他为什么会这么想?这背后有什么合理性?

即便遇到让自己利益受损的事情,他们的好奇心也会压倒愤

怒,去思考:

这个问题背后的逻辑是什么?解决问题的关键变量是什么?最优解法是什么?

只要有所收获,他们就会获得巨大的满足。因为拥有强烈的好奇心,所以他们在追求成长的道路上,永不止步。也因此,他们总是乐意接受更大的挑战,从而获得更多机会。

结语 — CONCLUSION

在进化岛社群，我对同学们说：

一个在山沟里生活的孩子，问村里的大人，山的那边是什么。大人们告诉他：山的那边还是山。

孩子不相信，爬过了一座山，是山，爬过了第二座山，果然还是山，但就在爬过第三座山后，他看到了大海。

原来，村里的人从没试图爬过第三座山。

面对未知，你勇敢尝试过吗？你从小学乐器，古筝、竖琴、笛子、吉他，试了很多乐器，却屡战屡败。你认为你不行，你做不到，音乐不适合你。

直到你遇见了钢琴。当美妙的音符从你的指尖流淌出来时，你才意识到，其实并不是你不适合音乐，而是你之前根本没有遇到最适合自己的那一种乐器。

面对失败，你坚持过吗？我能，我行，我来，是一种态度，更是一种稀缺能力。

比认知盲区更可怕的，是你的思想钢印。

不要让你的思想钢印阻碍你前进的步伐。靠自己，自强者万强。

受益终身的七个习惯

《高效能人士的七个习惯》是我此生读过的最好的也是对我影响最大的一本书，没有之一。可以说，我工作中的一切成绩，都源于我读完这本书之后养成的七个习惯。下面把这七个习惯分享出来。

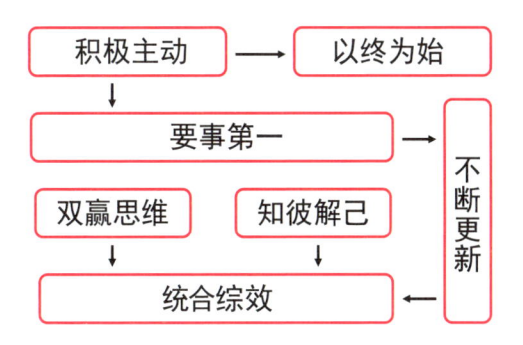

```
积极主动 ──→ 以终为始
   │
   ↓
  要事第一 ──────→ ┐
                   不
  双赢思维  知彼解己 断
     │       │     更
     ↓       ↓     新
     统合综效 ←──── ┘
```

积极主动

在生活中,你也许会听到这样的感叹:"他把我气疯了,但是我也没有办法""要是我的妻子能更耐心点儿就好了""我没有选择,我只能这样做"……这些想法都很消极。

可问题是,这些真的是事实吗?别人说了不客气的话是事实,妻子不够耐心也许也是事实。但是,这些事实让人没有了选择,所以不得不这么做,却未必是事实。这些话,其实都是在推卸责任,表示自己没有责任,是命运、基因、环境决定了现状,才让自己无路可走。

消极,就是把苦难的责任,推卸给命运、基因、环境,然后怨天尤人,寻找心理宣泄,但对现实没有任何帮助。它就像一块巨石一样,把你和你周围的人一直往下拉,一直往下拉,直到沉入海底。

所以,在消极的时候,你必须一把夺回自己的选择权,就算看上去再不可能,也要相信自己可以做出积极的改变。

那么,怎么才能做到积极主动呢?

第一,在刺激和回应之间,给自己思考的时间。

别人提了一个大胆的提案,你脱口而出"不可能"。他的提案是一项"刺激","不可能"是你的回应。这个时候,先别着急下定论,在刺激和回应之间,至少给自己30秒钟时间想一想。真的不可能吗?有没有其他的办法呢?他的提案中,有没有一点点合理之处？如果增加别的资源，还是不可能吗？试着不断问自己这些问题，积极地寻找解决方案。别小看这短短的30秒钟，它能帮你从情绪手中一把夺回选择权，然后交给理性和价值观。

第二，用积极的语言，替代消极的语言。

你说："他把我气疯了。"你心里其实是在想：是他的责任，他控制了我的情绪。你把生气的责任推卸给别人。试着选择说："我可以控制自己的情绪。"消极的语言，就是在一遍一遍地推卸责任。你会一遍一遍给自己洗脑，变得更加自怨自艾。而如果你选择用积极的语言去代替消极的语言，你会发现，神奇的事情发生了：所有的事情，其实都没有你想象中的那么无可救药。

第三，缩小关注圈，扩大影响圈。

你关心事业、经济甚至世界局势，这是"关注圈"。但关注圈中的有些事，是你无法影响的。比如公司被迫倒闭，比如老板给你降薪。关注圈中那些你可以影响和控制的小圈，叫作"影响圈"。

怎么才能积极主动？把时间和精力专注在影响圈上。比如，你无法阻止老板给自己降薪，但是可以增强自己的专业能力。接受你不能改变的，然后去改变你能改变的，**把所有的精力都放在那些你能够改变的事情上。**

以终为始

想象一下，如果你要盖一栋大楼，应该怎么开始？

跟你的工人们说："兄弟们，跟我上！干起来再说！"

这显然是不行的。**盖大楼，一定要先设计（主体设计、外墙设计、景观设计、室内设计），绘制建筑施工图、结构施工图、设备施工图。一切设计都完成之后，再开干。这就是以终为始。**

你心中一定要有那个"终"，你才知道应该怎么"始"。做任何事情，都要以终为始。

首先要确定目标。对于个人而言，明确自己的人生使命是什么；对于企业而言，清楚企业的愿景是什么；对于项目而言，明晰成功标准是什么。

然后要确定一些基本的原则，列出详细的计划，确定每一步应该怎么干。

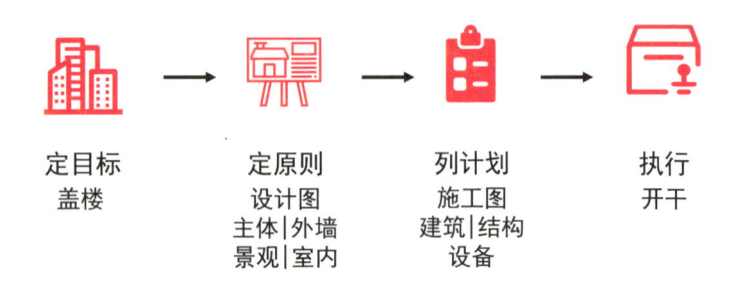

定目标　→　定原则　→　列计划　→　执行
盖楼　　　设计图　　　施工图　　　开干
　　　　　主体|外墙　　建筑|结构
　　　　　景观|室内　　设备

王石是很有原则的一个人。在攀登珠穆朗玛峰时，他常常一个人坐在帐篷里，积蓄体力。队友说："出来看看，景色真美！"王石说："外面的景色很美，但我更想到达山顶。"

要事第一

要事第一，就是要按照优先级来做事情。先给事情排优先级，再按优先级把事情放进日程表。比如，你现在最重要的事是写论文，因为完不成论文就没法毕业。第二重要的事是健身，因为身体是革命的本钱。第三重要的事是学英语，因为下个季度就要考试了。

把所有的事情按优先级列成清单之后，再把它们放入日程表。比如，写论文是最重要的，所以每天上午的9点到12点，雷打不动，必须在这段时间内写论文，不能被任何事情干扰；健身是第二重要的，每周一、三、五13点到14点，去健身房锻炼。

如何给事情排优先级呢？可以把"紧急、不紧急"作为横轴，"重要、不重要"作为竖轴，画一个二维四象限图。

这样就得到了四个象限：

第一象限，重要且紧急事件；

第二象限，重要不紧急事件；

第三象限，紧急不重要事件；

第四象限，不重要不紧急事件。

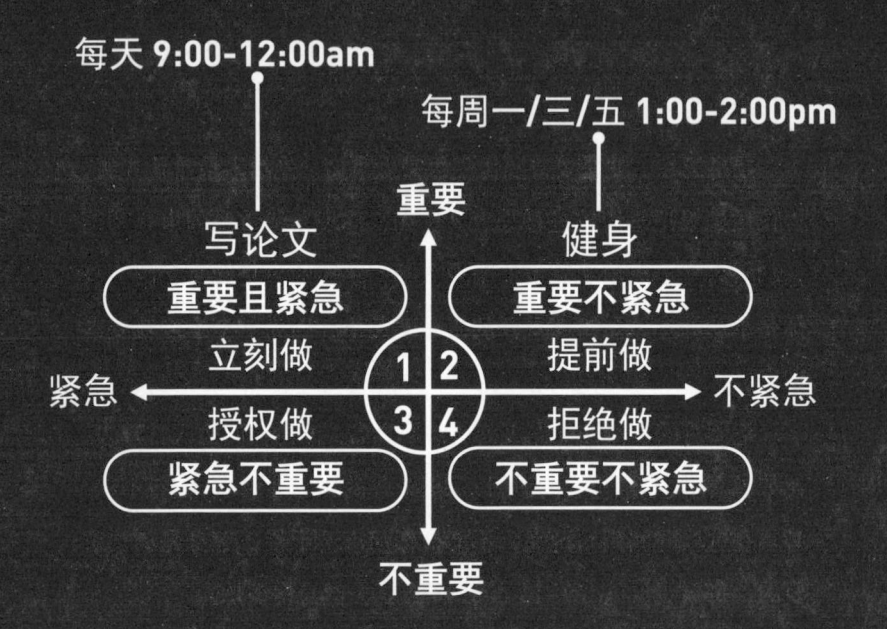

每天 9:00-12:00am　　　每周一/三/五 1:00-2:00pm

重要

写论文　　　　健身

| 重要且紧急 | 重要不紧急 |

立刻做　①②　提前做

紧急 ←——————→ 不紧急

授权做　③④　拒绝做

| 紧急不重要 | 不重要不紧急 |

不重要

然后把所有的事情按照轻重缓急的程度放进四个象限里。主动戒掉一切"不重要不紧急"的事，拒绝大部分"紧急不重要"的事，直到让它们少于15%。这样就可以把65%~80%的时间花在"重要不紧急"的事上，并因此把焦虑之源——"重要且紧急"的事情，减少到20%~25%。

双赢思维

有一次，阿里的销售人员在做培训，马云顺便去看了一下。他发现，培训老师居然在讲如何用各种各样的手段把梳子卖给和尚。他听了5分钟后，非常生气，立刻把这个培训老师给开除了。

为什么？马云说：把产品卖给那些不需要这个产品的客户，我认为这就是骗术，而不是销售之术。

交易的本质，就是价值的交换，必须双赢。

双赢思维就是两个人之间合作，一定要双方都获得价值，不能损害任何一方的利益。

所以，在开展任何一次合作之前，先问问自己，这次合作能实现双赢吗？

知彼解己

假如你的眼睛不太舒服，去看医生。可是你刚说几句话，医生就说:"我知道了。"然后把自己的眼镜摘下来给你,说,"戴上吧。"

你一定心存疑虑,说:"医生,你还没给我检查视力呢。"医生说:"不用检查了。这副眼镜我戴了十几年了,被证明很有用,你试试。"听到这里,你一定觉得很滑稽。但其实,我们每个人都在犯这样的错误:在聆听之前,就迫不及待地表达。我们特别希望别人理解我们,却忽视要先去理解别人。知彼解己,就是先去理解别人,然后再寻求被别人理解。

具体怎么做?

首先,戒掉"自传式回应"。什么是自传式回应?就是随便一个话头接过来,都能谈自己半小时,或者用自己的价值观、对

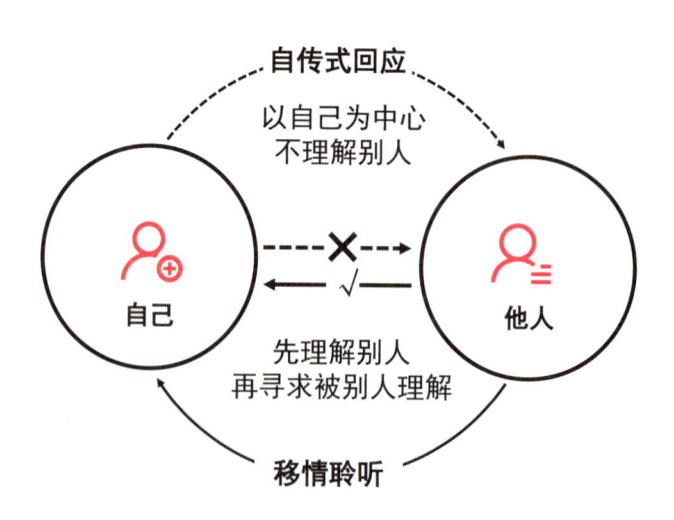

事情的有限认知，轻易地给出建议。自传式回应，是把自己放在沟通的中心，是阻碍自己理解别人。

然后，移情聆听。把心放到对方身上，先感受对方的快乐、愤怒、痛苦、激动，然后聆听。先去理解别人，然后再寻求被别人理解。

统合综效

统合综效，就是通过创造性合作，实现 $1+1>2$ 的结果。

最差的合作是"报仇"。"我宁愿重伤，也要让你死。""我宁愿死，也要让你重伤。"报仇，是 $1+1=0.5$。

妥协是双方各让一步，是 $1+1=1.5$。

合作，就是我帮你，你也帮我。我是做冰箱的，你是卖冰箱的，我们一起赚钱吧。合作，是 $1+1=2$。

统合综效，就是创造性合作，创造更多的价值，是 $1+1>2$。

从合作到创造性合作的秘诀是：找到共享的目标。

盲人看不见路，瘸子走不了路，两人都寸步难行。大家的目标不是彼此嘲笑，而是走路。以走路为共享的目标，盲人把瘸子背起来，用瘸子的眼睛指挥盲人的腿，就可以走路，甚至到达很多地方。

线上和线下，一定要你死我活吗？他们共享的目标是"更多流量"，于是，线上最成功的淘品牌之一茵曼，开始在线下开展

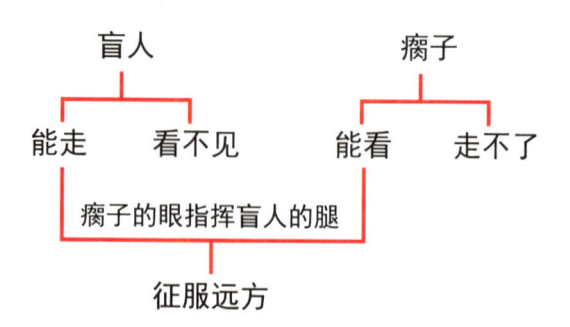

```
        盲人                    瘸子
       ┌──┴──┐              ┌──┴──┐
      能走  看不见           能看  走不了
            瘸子的眼指挥盲人的腿
                    │
                  征服远方
```

千城万店计划了。

互联网和传统,一定要你死我活吗?他们共享的目标是"更高效率",于是,最传统的烤红薯,开始可以用互联网支付了。

这就是统合综效,也就是创造性合作。

不断更新

你需要养成的第七个习惯,是从身体、精神、智力、社会/情感四个方面,不断"更新"自己。

第一,身体。

底层的工作者靠体力,中高级管理者靠智力,但顶级的企业家,又回过头来靠体力。吃营养的食物,充分休息,定期运动,有规律的作息,都是保持好身体的必要条件。身体训练属于"重要,但不紧急"的事情。

第二，精神。

强大的精神力量，也是需要不断训练的。2009年，我参加了"玄奘之路"戈壁挑战赛，在荒无人烟的盐碱地里，4天徒步了120公里。

单调的景色，疼痛的双腿，理想、行动、坚持，冲过终点那一刻，我不是豪情万丈，而是平静如水。

2015年，我和10位朋友一起，远赴非洲，用7天时间，攀登非洲第一高峰——海拔5895米的乞力马扎罗山峰。在大雨、极寒、高原反应等恶劣条件下，最后我们登顶的那一刻，所有人抱头痛哭。快乐是奖赏，痛苦是成长。人若经过这样的精神训练，便几乎可以面对商业世界的任何挑战。

第三，智力。

多读书。试着至少每季度读一本书，然后每月读一本，每周读一本。听书是快速获取书籍精华的方式。如果你对某本书深有感触，应该再把全本找来，仔细阅读。

多写作。试着把自己的想法写下来。你会发现，你以为自己想清楚的很多事情，其实并没有想清楚。写作，可以帮你把囫囵吞枣吃下去的知识，消化吸收。

第四，社会/情感。

还有一项必须不断训练、持续积累的，是社会关系、情感连接。常有人问我："你认识那么多人，这个人脉是怎么建立的？"

我说："给予价值。你能给予别人什么样的价值，就会认识什么样的人。人脉,不是那些能帮到你的人,而是那些你能帮到的人。持续地给予价值,这是更新、积累人脉的唯一方法。"

不断更新,就是通过身体、智力、精神和社会/情感四个方面的不断训练,磨砺前面七个习惯,把优秀变成一种习惯。

结语 CONCLUSION

积极主动、以终为始、要事第一、双赢思维、知彼解己、统合综效、不断更新,希望你能养成这七个习惯,它们将使你受益终身。

开挂的人都坚持窄门思维

"你们要进窄门。因为引到灭亡,那门是宽的,路是大的,进去的人也多;引到永生,那门是窄的,路是小的,找着的人也少。"

——《圣经·新约·马太福音》

这个世界上,总有人选择开始简单的事情。虽然开始是"宽门",但会发现,到后面竞争者挤满了道路,越来越难。而另一些人,会选择开始很难的事情,虽然开始是"窄门",看上去荆棘密布,但一旦披荆斩棘跨过去,海阔天空。

其实这个世界上哪有全程好走的路,哪里有一路"宽门"?

差别只在于,高手心中装着更大的格局,哪怕舍弃 1000 万的利润分出去,也在所不惜。他们不是不在乎钱,而是相信只要方向正确,资源、技能、优势,一切皆可积累。顶尖高手,总是选择"窄门"。

为社会创造价值,路会越走越宽

我曾经分享过自己的创业历程:2013 年 5 月,我成立了一家叫"润米咨询"的小破公司,开始创业。这家小破公司,老板、行政、人事、财务、保安、保洁等角色加在一起,就我一个人。连个办公室都没有。其实,我也不需要办公室。一个人需要什么办公室?

我每天去社区图书馆上班。直到和老头儿、老太太们共事了个把月之后,我才招到了第一个员工。这时一个问题出现了:我一个人随便往哪儿塞都行,可两个人怎么办呢?还好,我朋友多啊。一位朋友说,他那里多张桌子,让我先去挤挤呗。

后面几个月,一家创业公司,就嵌在了另一家创业公司体内成长,不断寻找着裂缝里光照进来的方向。几个月后,我终于找到了自己的办公室。然后,我把咬碎的牙换成钢镚儿,一分一分地贴在墙上,装修成了润米咨询最早的样子。这就是"创业"。

润米咨询拥有大部分创业公司的共同特征:穷。即便很穷,却从不上门主动推销自己,公司甚至也没有前台电话。我们不愿意拿着"扩音器"主动呼唤客户,也不想着去说服别人。如果发现这个人竟然还要被说服,那就只能证明我们自己还不行。初创公司缺人、缺钱、缺资源、缺方向、缺机会,是非常正常的事情。

公司一定要开在高级写字楼里才能证明有实力吗?才能招到优秀的员工吗?自己没资源、没背景、没关系,真的就无法战胜有资源、有背景、有关系的创业者吗?

把辛苦挣的钱花在"面子"上的,产品势能不足的,才需要营销补、渠道补,都补不了的,最后只好陪客户喝酒、吃饭、搞关系,但还是卖不出去。喝酒、吃饭、搞关系都卖不出去的东西,

风口 目标 机会

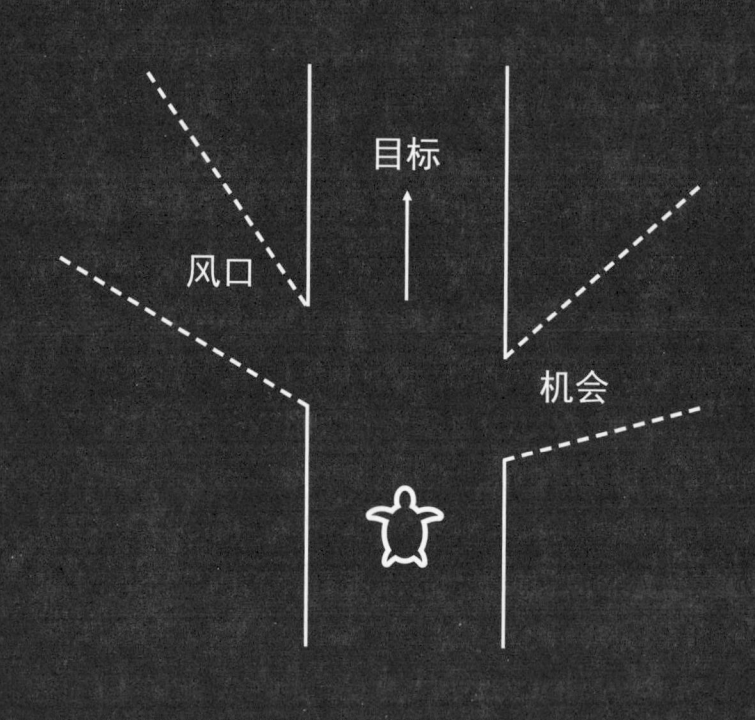

互联网也帮不上什么大忙。

无论对于企业还是个人成长而言，最难的事，是需要从一点一滴的小事中慢慢积累起来，需要对用户持续稳定地创造独特的价值，构建很深的竞争壁垒。

金杯银杯，不如用户的口碑。

资源背景，不如自身能力过硬。

累积自己的势能，从万仞之巅推下千钧之石。

吃最累的苦，走最远的路，进最难的门。

那些走"宽门"，靠权钱交易，依托背景、资源、关系的人，路只会越走越窄。那些走"窄门"，靠能力积累，产品打磨，为社会创造价值的人，路会越走越宽。

聪明人下笨功夫

晨兴资本的刘芹，作为小米最早的投资人，在小米上市时依然持有17%的小米股份，他一战成名。当然，他投中的公司远远不止小米，还有快手、Keep等。

作为中国颇具影响力的投资人之一，他曾经对某公司创始人说道："你缺钱，我投给你，但你能不能答应我，在未来几年之内，不碰金融。"

做金融没赚到钱，团队会元气大伤；赚到了钱，团队会再也没兴趣艰苦创业，更伤元气。你可能很疑惑，这是为什么？能在金融领域赚到钱,那也是本事,说明创业者很聪明啊!但是,聪明,对于创业者来说,往往不是好事。

这些年,创业风口论盛行,时不时就出来一个几年几十亿美元,恨不得今天有个互联网创业模式,明天获得投资,后天就首次公开募股,大后天就推向全球。太急了。太急了。太急了。

太多人以快为好,喜欢大而耀眼的事物,喜欢"面子"上的东西,不停地追逐风口,不能把全部精力用于踏实做事,不能持续为客户创造价值。他们就像在爬一座山,每次爬到一半,就下来再换一座山爬。不断地换来换去,不断寻找风口,如果没有暴富,他们就再换一次。

如果你问,你想成为小米,还是华为?很多企业家会慎重地思考一下,选一个。

你说,那从现在开始,像雷军一样积累20年,像任正非一样奋斗30年。

很多人会问:有别的办法吗?

很多人想要的,只是小米和华为的成功,不是他们的能力,更不是和他们一样的付出。**那些最后取得一些成绩的人,并不是说多么聪明,可能是用时间去换空间,滴水穿石,聚沙成塔。**选择对了一座山,选择了一扇"窄门",把一件事坚持做到极致,坚持爬了下去。

唐太宗在《帝范》里说道:"取法于上,仅得为中。"《孙子兵法》里有更详尽的解释:"求其上,得其中;求其中,得其下;

求其下，必败。"求其中，求其下，走捷径，逃避思考，是人性。主动选择窄门的，永远是少数人。

然而，做企业，比的是慢，是笨，是扎实，是聪明人下笨功夫。成千上万的人都认为自己是人才，但只有极少数的人能够成为幸运儿。

喜欢追逐风口的人，会主动选择易走的宽门，因为不易走的路，往往没有任何捷径。

喜欢下笨功夫的人，会主动选择难走的窄门，因为容易走的路，最后往往是绝路。

关于"窄门思维"，任正非先生打过这样一个比方："华为就是一只大乌龟，20多年来只知爬呀爬，全然没看见路两旁的鲜花，不被各种所谓的风口左右，只傻傻地走自己的路。"

在这期间，中国曾经出现过疯狂投资股市的狂潮，曾经出现过地产热。一批又一批的企业从中受益，成了著名的房地产企业；一批又一批的人在股市中获得巨额财富，成了人人羡慕的富翁。

当别人告诉他投资股市可以挣大钱时，他笑着说钱不是最重要的。人们纷纷嘲笑任正非是一个不懂得变通的"傻子"，但他愿意做这样的"傻子"，而且也号召全体员工都要做"傻子"。如果三心二意，没有强大的定力，那么最终只能竹篮打水一场空。

尽管有很多企业家在金融、股市和房地产上获得了成功，但多数人经历了惨痛的失败，毕竟一个缺乏恒心和定力的企业家很难走长远的路。

如果选择容易的"宽门"，进的人就多，就会造成过剩。所以，不要去做谁都想做、谁都能做的事情。只有去挑战大家认为很有难度的事情，才能从中找到生存之路。

做"难而正确"的事

这条道路非常宽敞，几乎没有人，因为太难。但恰恰是因为难，你的竞争对手不是同行者，而是客户的需求。

向上的路通常是艰辛甚至孤独的。

我经常对团队的成员说：摆在我们面前，供我们选择的，通常并不是"成功的路"和"失败的路"。这样的选择并不困难，

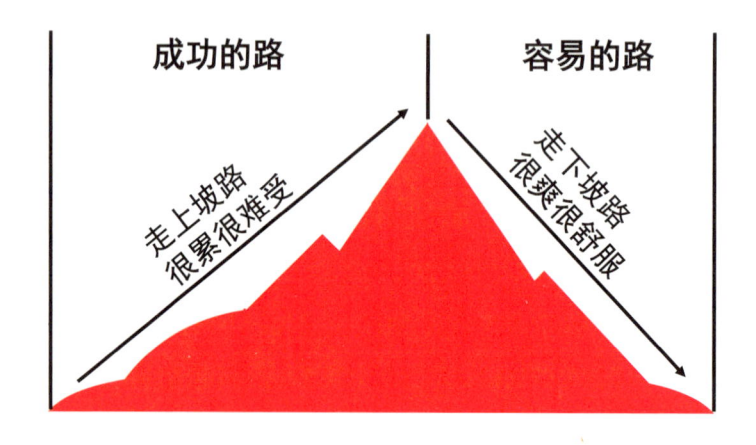

我们都会选择"成功的路"。困难的是，摆在我们面前的，通常是"成功的路"和"容易的路"。容易的路，总是那么诱人，那么驾轻就熟，那么舒适。以至于为了选择"容易的路"，我们会告诉自己："也许，这条路也通向成功呢？"

选择容易的路，甚至会让你就像吸毒一样，慢慢上瘾。你一旦给自己找到逻辑自洽的理由，获得了认知协调，就会越来越依赖，最后无法逃离。

当你觉得选择的路很艰难、很累、很难受的时候，说明你可能在成长，你在走上坡路。当你觉得选择的路很容易、很爽、很舒服的时候，说明你可能在逃避，你在走下坡路。

结语　CONCLUSION

在创业道路上，会经常面临很多诱惑，冒出很多赚快钱的机会和所谓的合作机会。比如比特币、金融……如果选择赚快钱，你便被欲望吞噬了最宝贵的资源：时间。

时间本来是用来打造你的核心竞争壁垒的。所以，赚快钱犹如吸毒。在核心价值以外赚的快感越多、越快，失去的也就越多、越快。把梦想变为现实的，并不是某一刻的快感，而是每一步的积累和克制。

顶尖高手，都是窄门思维的践行者。

顶尖高手，比的是慢，是笨，是扎实，是聪明人下笨功夫。

当你选择窄门，踏实做事，为社会、用户创造价值时，整个世界都会给你让路。

认知层次与认知速率

思维框架的改变，才是真正的进阶。

认知不对称

2015年，我登顶了非洲第一高峰——乞力马扎罗山峰。

到达山顶后，我不是热泪盈眶，而是痛哭流涕。实在是太不容易了。但是，就在我痛哭流涕的时候，一路帮我背着重物，陪着我爬到山顶的黑人兄弟，以一种难以理解的神情，在一旁淡定地看着我。

他可能在想："有那么难吗？我一年上下20多次，有那么难吗？至于哭成这样吗？"这个黑人兄弟，衣服和鞋子都是破的。但他就这么闲庭信步地，一年登顶乞力马扎罗山峰20多次，跟玩儿一样，用实力碾压我。那一刻我认识到，我和他之间，有一条基础体能的鸿沟。我再努力，再坚持，也无法跨越这条鸿沟。

创业也是一样。互联网时代，信息高速传播，人跟人的信息差、认知差正在疯狂拉大。人与人之间最大的鸿沟，不再是信息不对

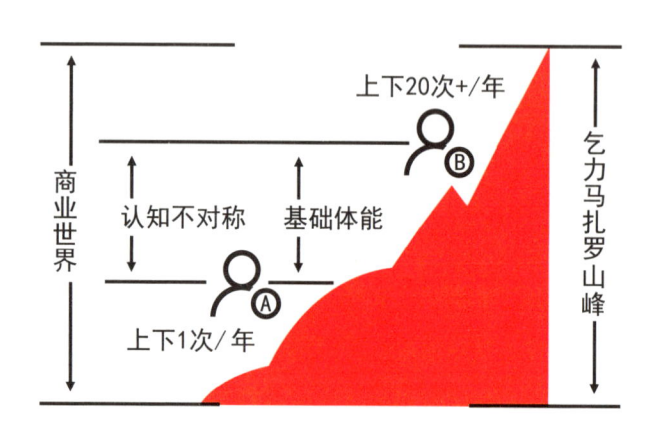

上下20次+/年
商业世界
认知不对称
基础体能
乞力马扎罗山峰
B
A
上下1次/年

称，而是认知不对称。

本质规律决定认知速率

对于本质规律的认知层次，决定了认知对称的认知速率。

从古至今，人们一直想飞上天。

怎么办？先模仿。鸟儿能飞，就先模仿鸟儿做一对翅膀。再优化，不断修改翅膀的材料、形状、大小。但是，人最终都没像鸟儿一样上天。在漫长的岁月中，人类无数次勇敢尝试，无数次惨烈失败。

直到有一天，人类掌握了飞行的本质规律：空气动力学。气压差才是升力的来源。只要在翅膀上下侧制造气压差，就能把主体举上天。用什么样的方式制造气压差都行。只不过，鸟儿选择了用扇翅膀的方式。

在上千年的历史演进中，在这一刻，对于飞行本质规律的认知，开始对称。然后，人类就放弃了对鸟类的"先模仿，再优化"，直接基于空气动力学本质规律，造出了今天的飞机。如果没有这个底层认知，任你花费多少年，把翅膀做得多么像鸟儿，也无法展翅飞翔。

我常说：成年人学习的目的，应该是追求更好的思维模型，而不是更多的知识。在一个落后的思维模型里，认知不对称，即使你增加再多的信息量，也只是低水平的重复。

| 本质 ──────────→ 认知 |

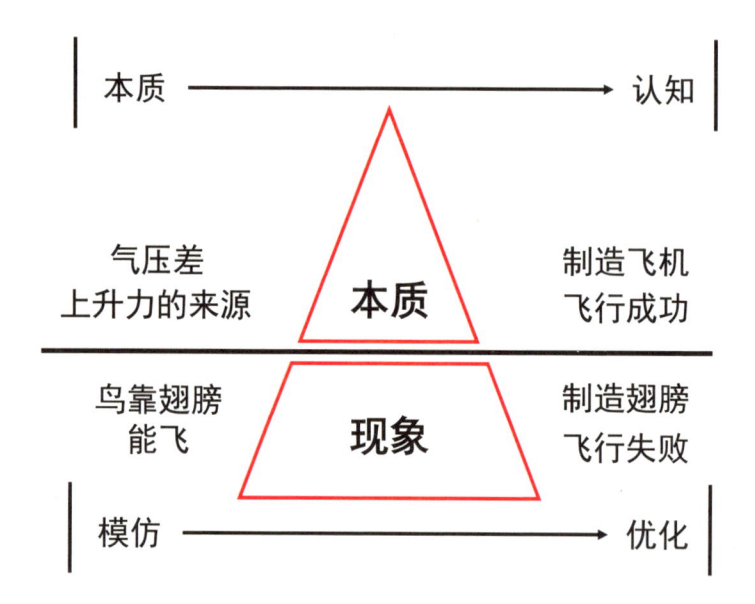

气压差　　　　　　　　　制造飞机
上升力的来源　**本质**　　飞行成功

───────────────────────

鸟靠翅膀　　　　　　　　制造翅膀
能飞　　　　**现象**　　　飞行失败

| 模仿 ──────────→ 优化 |

认知，就是创业者的基础体能。你把刀剑磨得再锋利，武功修炼得再高，对手用一颗子弹就可以终结战斗。如果认知的基础体能不够，认知层次不够高，你的顿悟，很可能只是别人的基本功。

提升认知基础体能

怎样才能提升自己的认知基础体能呢？

1. 苦练基本功

在进化岛社群，我曾经对同学们说："优秀的战略，都是可以掏心掏肺说给你听，但是你也学不会的。海底捞你学不会，褚橙你学不会，名创优品你学不会，得到你也学不会。"

为什么？因为优秀的战略，需要的是在战略高度上，诸多环节的完美配合，而不是在某一个点上的创新。

比如说名创优品：

①用户多了，名创优品对供应商的谈判筹码才大；

②谈判筹码大了，商品成本才便宜；

③商品成本便宜了，周转率才高，利润才大；

④利润大了，加盟名创优品的店铺才多；

⑤加盟名创优品的店铺多了，用户量才大。

一个循环回来，环环相扣。如果你把名创优品理解为薄利多销，那就会学"死"掉的。你想象着，名创优品手上玩着5个球。

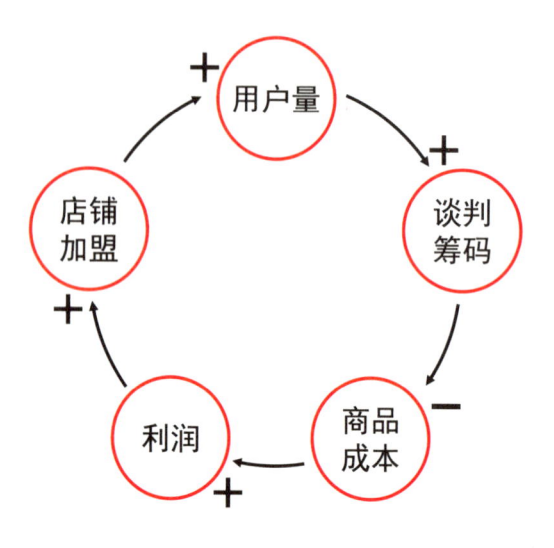

```
        + 用户量
   店铺       +
   加盟        谈判
              筹码
     +          
              -
     利润 ← 商品
          +  成本
```

1个球掉在地上，就算输。

叶国富能娴熟地玩10个球，有人玩3个就不行了。所以，就算叶国富掏心掏肺讲给你听，你也学不会。为什么得到愿意公布"得到工作手册"？很多人不信，说这一定不是真实的工作手册，这是烟幕弹。我知道，这当然是真实的。那么，把这些真实的商业机密都告诉你了，他不是傻吗？他不傻。

他只是知道，告诉你，你也学不会。

真正有效的学习，不是去听一些"高、大、上"的名词，迷恋一些工具和方法论，而是从高手的行为之中，摸索出底层的规律，然后按照客观规律实践，苦练基本功。

比如这两年的热词"长期主义"。当你谈论"长期主义"、高瓴资本张磊的"价值投资"之时，你更应该看到的是：20世纪90年代，张磊在中国人民大学读国际金融专业时，为了做调研，他回到老家，到社区、集镇、乡村收集和了解普通市民和农民的购买决策信息。然后一步步精细制订调研计划，拆解工作目标，制作问卷，做访谈，研究消费者购买渠道、价格敏感度、品牌知名度和美誉度、产品喜好、售后服务满意度等。第一份实践报告，就获得了特等奖。

工作后，他第一年就跑了10多个省份，几乎走遍了所有的"穷乡僻壤"。可想而知，他的工作强度和底层调研能力的基本盘，得到多大的训练。一点儿一点儿地收集信息，整理材料，深度调研，最后带着厚厚的报告回来。

这种自下而上的研究传统，后来也被引入他创立的高瓴资本。走基层、看社会、知风土、懂人情。商业中的洞见不仅来源于前人的总结，更有效的是一手调研，通过对原始数据的挖掘积累，发现一手的市场规律。

这些都是基本功。很多人都想抓住红利期，也都知道红利期很重要。但在大多数行业的红利期，机遇只偏爱那种有准备的人。比如，跨境电商的红利期。只有那些真正能用"本土化"获得消费洞察，用"品牌化"获得产品溢价，对供应链和物流体系能有"专业化"掌控力的企业，才能获得真正的成功。

对于普通人而言，首先是打好基本功。红利其实每年都有，

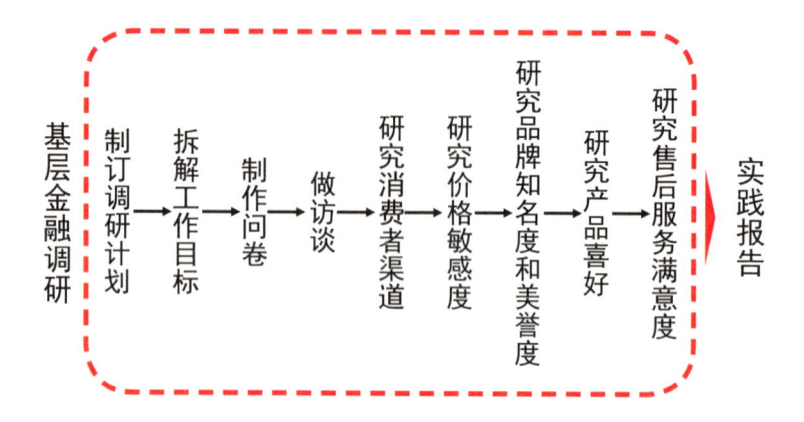

基层金融调研 → 制订调研计划 → 拆解工作目标 → 制作问卷 → 做访谈 → 研究消费者渠道 → 研究价格敏感度 → 研究品牌知名度和美誉度 → 研究产品喜好 → 研究售后服务满意度 → 实践报告

但是如果基本功不扎实，其实99%都与无你关。提升认知基础体能并没有什么秘诀，而是对客观规律的践行有更深的理解。不练基本功，到头一场空。

2. 及时总结和复盘

经常有企业家朋友会问我："润总，我们今年做了巨大的研发投入，把产品从90分做到了120分，但是市场收效并不大。我们现在很困惑，是不是也许用户并不需要那么好的产品？"

这就像每个喜欢"晒娃"的人，都认为自己的娃是全世界最可爱的，至少是之一。但是我们知道，这世界上一定有50%的娃的可爱程度，都不到平均水平。只是这么伤人的话，以前没有人说而已。

```
        原始数据挖掘
              ↓
  ┌─────────────────────────────┐
  │ 走基层 → 看社会 → 知风土 → 懂人情 │
  └─────────────────────────────┘
              ↓
        发现市场规律
```

从60分到65分的市场反响,和从90分到120分的市场反响,那是佘山和珠穆朗玛峰的差异。在产品、营销、渠道这三件事情上,你把一件做到极致,就可以获得巨大的成就。但怕就怕,做好了A,你却以为是B。因为归因错误、认知错误,导致战略导向错误。及时复盘,就是纠偏的关键一环。

一年有52周。如果你能坚持每周复盘,就会有52次拿出GPS和卫星地图,面朝目标,重新调整路线的机会。对关键项目及时复盘,总结经验和教训,才能够有效避免在同一个坑里反复失败。

进化岛嘉宾陈勇说:"只有颗粒度精细化到每一步的过程控制,项目成功的经验才能复制。"知道复盘重要性的人很多,但知道,做到,能提炼出经验和教训,能够反思改进、持续优化的人实在是太少了。

没有目标就没有战略，没有战略就没计划，没有计划就没有行动。

没有复盘就难以洞察规律，获得真知，以至于光阴流逝，一事无成。

3. 碎片化学习，系统化思考

现在的人都很忙。而因为忙，时间必然被切碎。这些被切碎的时间，你不好好利用它，就会被白白浪费。所以，你必须学会碎片化学习。

怎么做？我的做法是，用三个专门的设备来收集这些时间，进行碎片化学习。它们是：一副降噪耳机，一副运动耳机，一个

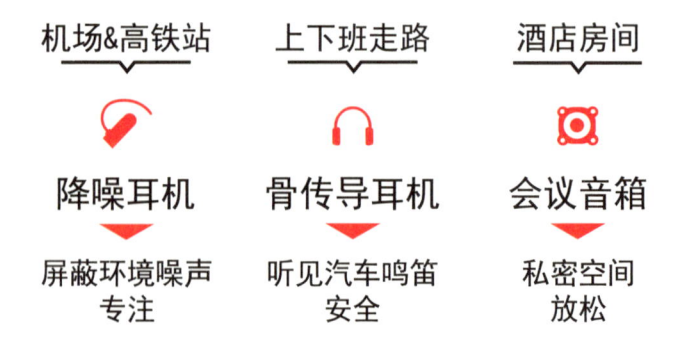

机场&高铁站	上下班走路	酒店房间
降噪耳机	骨传导耳机	会议音箱
屏蔽环境噪声 专注	听见汽车鸣笛 安全	私密空间 放松

会议音箱。

在机场、高铁站、飞机上,这些旅途中的场合,我用降噪耳机来收集碎片时间。这些碎片时间很宝贵,但环境噪声大。我需要降噪耳机,才能把注意力集中在听书上,集中在学习上。戴上耳机,世界回归安静。

只要在上海,我每天都走路上下班。上班半小时,下班半小时。快走。一是为了健身,二是为了利用这些碎片时间,听书学习。但是降噪耳机会屏蔽汽车鸣笛,为了安全,我改用骨传导运动耳机。

到了酒店房间,进入私密环境,整个人都可以放松下来。这时,为了让耳朵轻松一些,我会把降噪耳机取下来,同时从行李箱里拿出会议音箱。有了会议音箱,我可以一边处理事情,一边走来走去,一边听书学习。有了这三个设备,2020年,我平均每天能额外多收集2~3小时碎片时间。而用这每天的2~3小时,我在得到上总共听了1800多本书,以及几乎每一门课。

一年是由365天组成的,每天都做一点点改变,别小看它,积累起来,300多天的变化也是令人震惊的。把一天当一年过,还是把一年活成重复的一天,取决于你自己。你怎么过一天,就怎么过一生。

结语　CONCLUSION

真正的枪手，绝不是变成神枪手，而是变成指挥官。

思维框架的改变，才是真正的进阶。

蟪蛄不知春秋，蜉蝣不知朝暮，夏虫不可语冰。

如果一种虫子的生命周期只有夏天这几个月，你很难和它说清楚冰是什么东西。

虫子信誓旦旦地认为："人类都是骗子，世界上根本没有冰这种东西。"

因为它的生命周期从来不经过冬天，思维中根本不认为有冰的存在。它生存的世界决定了它的认知。

一个生活在清朝初年的人穿越到21世纪，看见人进入汽车后，汽车会动起来。于是他得出了结论，汽车的动力来自人。

他所处的环境限制了他的认知。他的认知中，根本没有发动机的存在。

你以为你以为的就是你以为的吗？

尼采说："眼睛即是监狱，目光所及之处就是围墙。"

人与人之间最大的鸿沟，是认知不对称。人永远无法获得超出所处环境外的认知。人永远无法赚到认知以外的钱。

人际关系的符号互动理论

我有一些做刑侦工作的朋友,和他们相处,我感觉他们每个人都有一双鹰眼。

什么意思?就是你能感觉到,他们能透过一些细节看到很深的层面。

举个例子。2020年,我有个计划,向100个陌生人学习,其中有一位叫杨骆的老师,就是一名警察。他能透过细节观察到什么呢?他曾经去了某一个办公室,扫视了一圈,之后跟老板说,这个办公室里,有哪些员工能做得长久;哪些很可能干不长,会离职。

果然,没过多久,那些可能干不长的员工,就真的离职了。

真是长了一双鹰眼。为什么他有这种能力?他和我说,他的判断是**基于互动关系理论**。

什么是互动关系理论?就是我们每个人和周边环境、人产生的一些互动,然后基于这些互动做出的判断。随后,他给我讲了这个理论在职场上的3个应用,我听后,深受启发,有一种学习办公室心理学的感觉。

下面，我就把他总结的互动关系理论在职场上的 3 个应用分享给你，希望能给你一些启发。

人的底层动力：恐惧和欲望

互动关系理论在职场上的第一点应用是，判断一个人的底层动力。一般驱动一个人的底层动力，大概分为两种：恐惧和欲望。

不同的人，驱动方式也不同，而且倾向性是比较稳定的。如果你能找出一个人的驱动方式是恐惧还是欲望，那么，你在管理、合作等方面就能很好地跟这个人相处。

比如，在职场中，有的管理者特别恐惧被领导批评。如果你

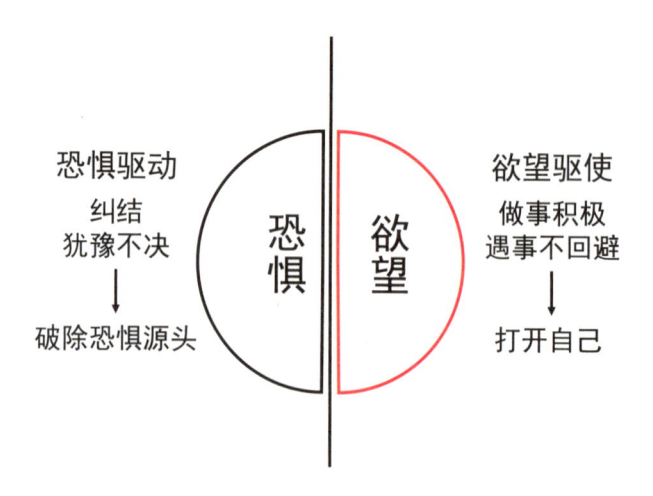

恐惧驱动
纠结
犹豫不决
↓
破除恐惧源头

恐惧 | 欲望

欲望驱使
做事积极
遇事不回避
↓
打开自己

给他做的事，有可能会让他的领导知道，那么他就会特别纠结。

就以请假这个简单的事举例。大领导安排了一个任务，你的直属领导带着你们一起干。某天，你去跟直属领导请两天假，不管理由说得多么充分，他都会犹豫。

但是，如果你说："和你说完，我也会向大领导请假。"瞬间，他就会特别轻松地同意你的申请。

为什么？因为他是一个被"领导批评"恐惧驱动的人。要和他协作愉快，就要想办法破除他的这个恐惧。

说完被恐惧驱动，再举个被欲望驱动的例子。在职场中，最明显的就是对权力欲望的获取。这样的人会表现得很自信。他们做事积极，遇事不回避，迎难而上。

如果更仔细地观察，你会发现，他整个人的身体姿势，都会呈现一种打开的方式，无论是坐着、站着，还是走着。办公桌上，他用本子、杯子等形成一个比较大的区域，连坐地铁、乘电梯，这种比较拥挤、狭小的空间，他们也会打开自己，相对别人占用较大的空间。

有权力欲强的人，就一定有欲望不强的人。后者身体比较蜷缩，甚至可能有点儿小小驼背，办公桌上会把所有物品局促地放在自己面前。日常沟通时，相对于后者，前者会让人感觉到压力，因为他会比较强势。这种人就不要相信他会安分守己，会岁月静好地过日子，他们受不了自己没有权力。

所以，和权力欲强的人打交道，你就可以适度让一些权力给他，满足他对权力的欲望。这样就会很好协作。

以上就是互动关系理论的第一点应用，判断一个人的底层驱动力到底是恐惧还是欲望。知道了对方的底层驱动力，你就可以更好地和他协作了。

一个人的应对方式

互动关系理论的第二点应用，就是观察一个人的应对方式。什么是一个人的应对方式？其实有点儿类似我们经常提到的舒适圈概念。

舒适圈一定是让人舒适吗？不是的，其实很多舒适圈是让人不舒适的，就像老婆饼里没有老婆一样。比如，职场中会有一些这样的人，我给他们起个名字，叫"职场大委屈"。

什么意思？这些人有个共同特点，工作能力不错，任劳任怨，但是他们提拔速度一般不会快。为什么？这样的人，是矛盾的。当领导去找他，或者别人问他工作的时候，他会说，他很委屈，干了这么多活儿，还是没有受到领导重视。

但是，当领导觉得他做了很多，想给他一些奖励、让他负责个什么项目时，他又会说："不用不用，那些都是我应该做的，你把这个机会留给更优秀的人吧。"

为什么会这样？这是他们的应对方式，他们从小到大已经习惯了用委屈和世界相处。你让他自信地和世界相处，去表达，去

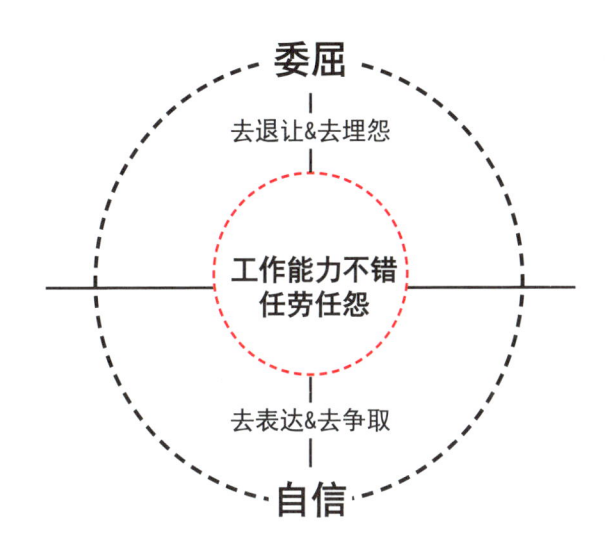

委屈
|
去退让&去埋怨
|
工作能力不错
任劳任怨
|
去表达&去争取
|
自信

为自己争取，他不知道怎么做。

这就是"职场大委屈"，他们习惯用这种委屈的方式和世界相处。同时，这是他的舒适圈，他会一直在这个不舒适的舒适圈里，循环打转。

以上就是互动关系理论的第二点应用，看一个人到底是用自信还是委屈来应对这个世界。

破除人们的掩饰

互动关系理论的第三点应用，就是了解一个人在什么场景下可以更少地掩饰。在日常工作和生活中，我们每个人或多或少都会去掩饰一些事。那在什么场景下，我们的掩饰会少呢？

我总结了5个场景。

第一个场景是被追问细节的时候。比如，我们在面试一个人的时候，来面试的人很可能做了很充分的准备，很多问题都烂熟于心，倒背如流了。

那应该怎么去除掩饰？不断地问细节。

怎么问？比如，说一个你解决重大问题的项目吧，介绍你担任的关键角色。

追问：你的决定，导致过公司的重大损失吗？你是怎么做的？

继续追问：除此之外，还有哪些方法可以解决问题？会有什么利弊得失？

不断追问。

再比如，你担任了这个项目的主管，那谁是经理？谁是副手？这个项目，服务的是哪个公司？周期是多长时间？结果怎么样？你做了几次回访？

这些问题，有时间，有地点，有人物。不能乱答，更不敢乱编。

第二个场景是身处复杂环境的时候。

什么是复杂环境？比如，多人社交场合，一个人单独和你说话是一个样，那在和一群人说话的时候是不是还是这个样？

一对一沟通时，很多人都戴着面具，和领导沟通一个方式，和下属沟通一个方式，和平级的人沟通又是一个方式。但是在和一群人沟通的时候，他就不得不摘下面具，你就能观察到更多。

第三个场景是感到压力，感到被质疑了的时候。比如，我们仍以面试举例。面试过程中，应聘者介绍了他曾经做过什么项目，他对这个项目很自豪。

这时，你可以一耸肩，说："是吗？我觉得这个没什么啊。"当他感到有压力，感到被质疑的时候，你就可以观察他的反应了。大概会有三种反应。

第一种，表现得比较淡定，甚至可能还会自信地说："你可能不太了解这个项目具体的一些细节，我可以再给你介绍介绍，相信你了解了之后会发现，这个项目对我来说，真的是很了不起的一个成就。"

第二种，表现得比较自卑，被你一句话就给说"蔫"了，整个人就萎靡了。

最后还有一种，我称之为脆弱的高自尊。什么叫脆弱的高自尊？就是正常面试过程中，他表现得很自信，什么事都争强好胜。但是被你这句话质疑后，他会生气甚至愤怒，会说你根本不懂。

这从本质上说明，其实他还是自卑的，只是穿上了一副自信的铠甲。

还有一个场景是达到自然状态的时候。什么叫自然状态？就是一个人感到安全、感到有点儿高兴的状态。比如多人一起去吃自助餐，一个人可能在职场上特别有分寸，有礼貌，取舍有度，但是在就餐时，他可能会表现出自己真实的一面，拿得很多，挑三拣四，浪费很多。这就说明，他其实是一个需求很多、索取欲很强的人。

再比如开车。人们在开车的时候，是很有掌控感的状态，方向盘、油门都自己控制。但是你观察一个人在开车状态下的表现，就能看出他的性格。比如，有路怒症的人，一般就不太会反求诸己，他在职场上也会认为犯错都是别人的责任。

有的人开车一脚油门一脚刹车，比较急，那么他做事也会是一个急躁的人。有的人开车就会比较平稳。

在吃自助餐、开车这种自然状态下，人们的掩饰会比较少。

第五个场景是情绪受到刺激的时候。

怎么刺激情绪？一般有两种方法，我总结为冷读和热扎。

先说冷读。冷读，是说出一些自己特别认可的话，勾起对方的表达欲。

仍然以面试为例。在听了求职者介绍他多年的工作经验、负责的项目后，你说："你服务的客户，行内是有耳闻的，是一个很不好伺候的客户。你竟然服务了3年，我觉得你真是挺不容易的。"

这样说，会让求职者感到你很懂他，就会激起他的表达欲，和你说更多。

再说热扎。扎是扎心，是让对方去回忆、感受一些很强烈的情绪。

比如，记者采访别人，有一套经典三问。

首先问，在别人眼中，你现在非常成功，有了这么多成就，你有什么收获想说的吗？如果重来一次，你还会选择做这件事吗？

然后问，这些年来，你觉得你最该感谢的人是谁？你想对他说点儿什么？

最后问，做成这件事，你牺牲、付出了很多，肯定也有你觉得辜负、对不起的人，你想对他说点儿什么吗？

这就是记者用的经典热扎三问，很多人曾被问到失控哭泣。

以上5个场景，就是互动关系理论的第三点应用，可以了解一个人在什么场景下会更少地掩饰。

结语 — CONCLUSION

以上就是互动关系理论在职场中的3个应用。当然，这3点并不是互动关系理论的全部，而且用这套理论去判断一个人，只能是一种参考。

人是一种高级、复杂的动物，不可能仅凭一两个互动关系，就看清一个人。所以这套理论只能作为判断、了解一个人的参考。

这套理论的基础是，所有的这一切都是基于一个人和一个场景之间的互动，所看出来的本质、矛盾和关系。

比如最开始那个例子，杨骆老师是怎么看出来一个办公室里的人，谁是想离职的，谁是准备长期做下去的呢？

他的依据是，一个人对某个组织或者某个环境，如果表现出疏远、讨厌的想法，那么工作场景中，第一，就会减少个人物品摆放；第二，物品与环境呈现的关系比较简单；第三，带有情感属性的东西少。如果对组织、环境表现出亲密、喜欢，则正好相反。

当然，我们通过和杨骆警官学习这些，并不是说让我们把每个人都当作嫌疑人一样，去审视别人。而是通过这个人与环境的互动关系角度,去理解一个人,更好地与他协作、共处。

这就是我从杨骆老师这里学到的知识。期待这个办公室心理学,也能给你一些启发。

REPLAY
➜ 复盘时刻

1 多数人为了逃避真正的思考,愿意做任何事情。

2 我很害怕所有的忙,都是瞎忙。没有方向的努力就像无头苍蝇,没有目标的勤奋会四处碰壁。

3 上帝视角,就是提炼一套抽象化的思维方式,理性看待这个世界的本质问题。

4 你和甲方的关系,本质是稀缺资源在哪一方的关系。

5 在个人成长上,我们需要抓住事物的本质,心态要稳, 判断要准,下手要狠。洞悉一件事物的本质,胜过走马观花万千皮毛。

6 想要实现跨越,就要懂得提高自己的能力,让人生过得有效率,善于利用杠杆。

7 能力,是你人生最深的护城河。

8 他们会主动学习所在领域之外的知识,了解和自己领域无关的业务。然后做好准备,在适当的时机,进入一个全新的行业。

9 接受你不能改变的,然后去改变你能改变的,把所有的精力都放在那些你能够改变的事情上。

10 你心中一定要有那个"终",你才知道应该怎么"始"。做任何事情,都要以终为始。

PART FIVE

人和人之间就是互相成就

管理智慧

5

打造高效协作机制

下面来聊聊协作机制。一家公司想要做大事,就必须有一套非常高效的协作机制。

什么协作机制呢?我把这套协作机制总结为 5 步:定目标、扛目标、盯过程、守底线、奖结果。

我们一个一个来说。

定目标

定目标,是为了形成一个基本的分布式协作网络。什么叫分布式协作网络?我举个例子。将军命令一个团在凌晨 3 点前必须攻下某个山头。在凌晨 3 点前攻下某个山头,这就是将军给这个团的团长定下的目标。但是,对于团长来说,在凌晨 3 点攻下还是在凌晨 5 点攻下,有区别吗?如果是在凌晨 5 点攻下,那不也算完成了任务吗?反正把山头攻下来了,对吧?听上去好像没什么毛病。

但是,团长可能不知道的是,将军让他在凌晨 3 点前攻下,

```
                          大目标
         ┌─────────────────────────────────────────┐
         阶段目标I        阶段目标II      阶段目标III
      ┌──────────┐    ┌──────────┐   ┌──────────┐
      目标  目标  目标   目标  目标    目标   目标
       A    B    C     D    E      F     G
   ●──协作──●────●─────●────●──────●─────●──→
      凌    大    完
      晨    部    成
      3     队    战
      点    通    略
      攻    过    部
      下         署
      山         ⋮
      头
      └─────────────────────────────────────────┘
                       分布式协作
```

是因为凌晨 3 点半大部队要通过这个山头。如果他凌晨 3 点前攻不下，那大部队就无法通过。所以，如果团长私自改了目标，凌晨 5 点才攻下山头，那将军的整个计划就被打乱了。

对于一个组织来说，所有的目标，都是为了更高层面的协作。一个大目标，是由无数个小目标聚合起来的。而定目标，就是为了形成一个分布式协作网络。定目标，意味着团队成员把后背交给了彼此。所以，给每一个人定下目标，这是一个组织能够协作的前提。

扛目标

定好了目标之后，就必须有人能扛目标。**什么叫扛目标？扛目标的意思，不是说这个目标可完成可不完成，而是必须得完成。**有的时候，确实会遇到困难，目标可能完成不了，怎么办呢？你要知道，一旦你扛下了目标，就只有两种场合可以来表达困难。

第一种场合，就是接下目标的时候。接下目标的时候，你评估自己完不成这个目标，就要及时表达：对不起，虽然我很想立战功，但这个任务我不能接，因为我确实完不成。那么大家就可以马上想办法，看看是换目标，还是换人。但不管怎么样，一旦你判断这个目标你完成不了，就必须第一时间表达。接下一个完成不了的目标，最终没有实现，其实比不接带来的损失更大。所以，完不成可以不接，但是接下了，就必须竭尽全力完成。

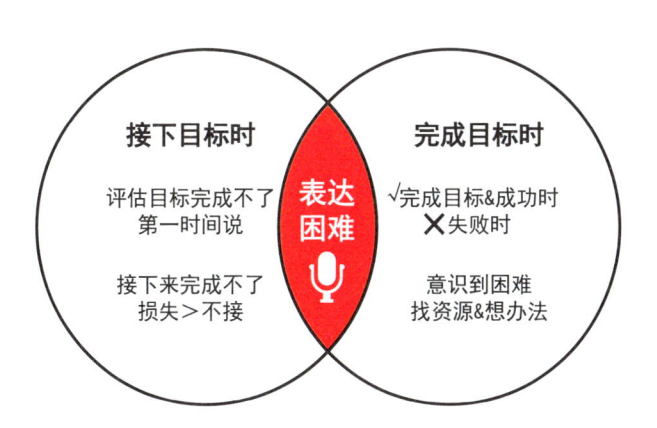

```
接下目标时                         完成目标时
                   表达
评估目标完成不了    困难    √完成目标&成功时
  第一时间说                   ✗失败时

接下来完成不了              意识到困难
  损失＞不接                找资源&想办法
```

第二种可以表达困难的场合，是完成目标的时候。有一次，我看《演员请就位》节目，有一个演员表演完之后，导演评价说，他演得不行，他没有天赋。这个演员就说，他这两天压力特别大，已经几夜都没睡好了。然后，导演说了一段话我特别喜欢。

他说："谁的压力不大呢？你的压力大，导演压力也大，其他人压力也大。你说你压力大，你有困难，这件事情应该放在什么时候来说？应该是你站在领奖台上的时候，你至少把表演完成得很好的时候，把这些困难当成花絮来说。你不能在这件事情没做成的时候说，哎呀，对不起，确实有困难。这是不对的。这些困难都是你没做好的借口。"

所以，表达困难要放在完成目标、获得成功的时候，而不是没做成或者失败的时候。那么，在执行目标的时候发现有困难怎么办？你应该最早意识到这些困难，然后主动去找资源，想办法解决。这叫作扛目标。

盯过程

有人扛下目标之后，接下来，就要盯过程。**什么叫作盯过程？凡事有交代，件件有着落，事事有回应。这就叫盯过程。**任何一件事情，只要被提出来，就永远不能消失。这件事情的结束方式只能有两种：第一种是被完成，第二种是被发起者取消。

如果一件事情交代下去，没有人问就渐渐消失了，那么你的协作机制就是失效的。盯过程的本质，就是给任何事情扣上闭环，有开始就必须有结束，避免石沉大海。

守底线

一开始创业的时候，公司都是用价值观来驱动的。什么事情能做，什么事情不能做，都受到创始人价值观的影响。但是，随着公司逐渐变大，价值观就会迅速被稀释。

我曾看到过一段视频，秘书对王总说查账发现一个销售，拿了客户20万元的回扣。王总问，那他带来了多少业绩？秘书说，2000万元。王总说，没事，那就让他拿。另外再送他一辆宝马。胸怀要大一点儿，要算大账，水至清则无鱼。

看完这段视频，我浑身不舒服。拿回扣甚至行贿的危害，并不是多少的问题，而是一旦睁一只眼闭一只眼，必将导致积重难返的问题。大家会觉得原来他拿20万元都没问题啊，我拿5万元应该也可以吧。他拿5万元都没问题啊，那我拿1万元也可以吧。最终，公司可能有一半以上的人都在拿回扣，甚至行贿。

当王总发现公司开始亏钱时，打算肃清这个行为，发现已经做不到了。因为所谓肃清，就是开除所有人。真的肃清，公司就倒闭了。所以，这不是水清不清的问题，而是水有没有毒的问题。

红线就是红线，热炉就是热炉。绝对不能碰，一碰就要严惩。这就是守底线。

奖结果

最后，就是奖结果。结果是不可撼动的。只有完成了结果，才能获得相应的奖励。有的人说，我没有功劳也有苦劳啊。但是对不起，我们只奖励功劳，不奖励苦劳。这就是奖结果。

只有当结果不可撼动的时候，才能保证大家对目标真正地重视。

结语 — CONCLUSION

定目标，扛目标，盯过程，守底线，奖结果。

做到这 5 步，团队才会形成一个高效的协作网络。

每个人都扛着自己的责任往前走，并把后背交给彼此。

这就是一套高效的协作机制。

人才是企业最重要的资产

今天,我们重发一篇过往比较受欢迎的文章《找人,是天底下最难的事:如何找到"靠谱"的人才?》,希望对你有所启发。以下是这篇文章的正文。

请问:谷歌最大的竞争对手是谁?

啊?谷歌还有竞争对手?它的对手,是竞品吗?还是自己上一代的产品?

谷歌自己说,我们最大的竞争对手,是NASA——美国国家航空航天局。为什么?因为NASA会抢走谷歌的人才。和Facebook、苹果抢人,大家互有胜负。但是谷歌的工程师收到NASA的邀请,我们几乎招架不住。所以,谁和我抢人才,我还很难对付,谁就是我最头疼的对手。

人才,是企业最重要的资产,甚至是唯一的资产。但是,找人却是天底下最难的事。这么多年下来,我和很多企业家、高管交流,对找人这件事情,有了一些自己的理解和经验,也有一些心法。分享给你,希望对你有启发。

优秀的公司，更关注人

很多人并不真正理解，为什么"人"这么重要。我见过很多企业家，有深刻的洞察力，较高的商业天赋，可以设计出很好的交易结构和战略模型。战略上的远见，能支撑公司至少发展到100亿元。但是，他们常常做到10亿元就再也上不去了。

为什么？因为组织跟不上。只有10亿元能力的组织，支撑不起100亿元的战略。怎么办？这个时候，他们才会觉得"人"重要。所以，优秀的公司，不仅关注业务，其实更关注人。那么，这些优秀的公司，怎么招聘？

我讲几个故事。比如，一位企业家和我说，我们是"围堵式招聘"。我们的业务要发展，要找到最好的人才。这些人又常常在竞争对手那里。那怎么办？堵呗。所以，我们就在别人公司旁边租了一间宾馆，天天蹲点，守在别人家门口。我们把想要的人才，列了一张名单，心仪的对象下班出现了，我们就走过去，"围堵"住他。向他请教问题，对他表示欣赏，给他发录取通知。对于好的人才，我们愿意花双倍的时间，给双倍的工资，一定要挖过来。

我问，如果这个人拒绝了你呢？这位企业家说，那我也会一直惦记着他。过一段时间，我们会再去"围堵"他。三顾茅庐，一直到打动他为止。这，就是"围堵式招聘"。

比如，雷军找人时的"马拉松式招聘"。小米刚刚创业做手机时，团队里面没有懂硬件的，需要找一支强大的硬件团队。雷军说，这个过程很痛苦。为了找来合适的人，每天要谈 10~12 个小时，连续谈一个星期。而且不光雷军去谈，很多人去帮他谈，大家一起上。只有这样，才有可能找来自己想要的人。

雷军说这没有捷径，必须得多谈。只有多谈，才能在少部分被打动的人里面，找到最优秀和最厉害的人加入。如果三顾茅庐没用，就三十次顾茅庐。这，是"马拉松式招聘"。

比如，张一鸣的"收购式招聘"。字节跳动（今日头条、抖音的母公司）也非常重视人才。有一次，张一鸣看上一个候选人，就去对方楼下咖啡馆找他。聊完后，对方还是比较犹豫。没事，那就等。隔段时间就去问问情况。等了 3 年后，那位候选人终于加入了字节跳动。但还有时候，这位候选人正在创业。这时怎么办？买下来，把他的公司买下来。

张一鸣看中张楠的时候，张楠就正在创业，然后他就把整个公司收购了。张楠现在是北京字节跳动 CEO。为了一个人，买下一家公司，把整个茅庐都给你请来。这，就是"收购式招聘"。

老板，要亲自招聘

看完这些故事，你有什么感觉？我对这些企业家和创业者说，找人，从来就不是一件容易的事。

我经常发现一个问题：大家都说自己很看重人才，但是行为上却不重视。有一些错误的动作，可以马上改。有一些正确的事情，可以马上做。别只让 HR 招聘，要亲自招人，亲自下场。HR 在招聘中起的是支持作用。老板，不能只当甩手掌柜。

问问自己，你跨几级招聘？世界 500 强，一般要求至少跨两级。假如你是经理，那么下面的主管和一线员工，每一个人进来，你都要亲自看。

有一次，我见卫哲，他说阿里曾经是跨四级招聘。卫哲是总裁，下面有资深副总裁、副总裁、高级副总裁、总监。也就是说，每一个总监级的候选人，都要亲自看。卫哲下面，有 200 多个总监。一定要自己去面试，不要偷懒。你回去可以算算，你每年到底花了多少时间在招人上。人找错了，后面会麻烦，你要为下面不停补位。

总经理在做总监的事，总监在做经理的事，经理在做员工的事，而员工，都在讨论国家大事。

看能力，更要闻味道

想要找到靠谱的人才，有两件事情很重要：一是能力，二是味道。什么意思？找人，当然要找能力强的。业务水平不行，其他都是扯。要找到厉害的人，自己首先要能深刻理解业务，才能准确把握招聘需求。然后，用一些工具来帮助自己验证。

我建议很多公司，**一定要有自己的一套胜任力模型，测评工具，这样招聘才不是凭感觉**。这一方面，大家越来越关注，做得也越来越好。但是，另一方面，常常被忽略。除了关注专业能力，还必须关注候选人的味道。

什么意思？谷歌招人的时候，经常有6个人去面试。3个人，是做专业能力的测评和判断。另外3个，是和业务几乎无关的人，行政、秘书、产品经理等，总之是在公司待了很久的谷歌人。他们的任务，就是闻味道。这个人身上的味道、气场、特质、价值观，和他们是不是一样。自己是否愿意和面前的这个候选人，一起去旅行。如果答案是"×"，这个人是无法被录用的。

在国内，也有一家公司在这方面做得很好——阿里。阿里专门设置了"闻味官"，三年以上优秀的阿里人。参与招聘的时候，部门和岗位可能完全不对口，就负责打味道分。通过一些问题，来看这个人和阿里的文化是否契合。

比如，客户第一。不能直接问：你重视客户吗？他当然回答，我很重视啊！要把问题变成开放题。可以这么问：说说你在以前的公司做的最能体现"客户第一"的事情。

比如，吃苦精神。讲讲你长这么大以来，吃过的最大的苦是什么？曾经有个人回答，我从上海坐火车去无锡，绿皮车厢，没空调，还是站票，站了两个小时。太苦了。

最后，这个人果然没被录用。

比如，团队合作。你印象中吃过最大的亏是什么？有个人曾经说，小学四年级的时候，邻桌女同学问我借块橡皮，到现在都没还我。见面的时候，我提都不提。我很能吃亏。

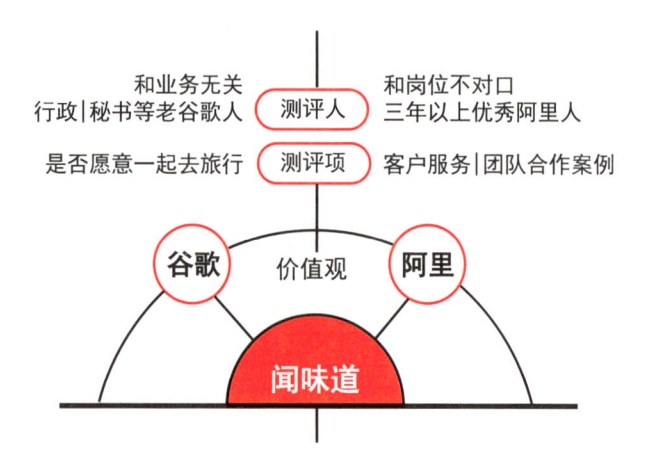

和业务无关　　　　　　　　　　　和岗位不对口
行政｜秘书等老谷歌人　（测评人）　三年以上优秀阿里人

是否愿意一起去旅行　　（测评项）　客户服务｜团队合作案例

（谷歌）　价值观　（阿里）

闻味道

当然，这个人最后也没被录用。

这些人可能能力很强，但是身上的味道不对。味道相同的人，你应该在航班误机时，愿意和他聊聊天。应该在平常生活的时候，能够坦诚地交流。应该在他说几句话之后，就愿意和他一起工作。对自己想要什么样的人，应该像对自己的掌纹一样熟悉。

一份问题清单

和这些企业家交流的时候，我发现很多人在找人这件事上，没有受过专门的训练。哪怕自己很重视，每次都亲自去看，但是每次也都是面试前5分钟才看这个人的简历，随便问几个问题，就下判断了。这样，也很难找到靠谱的人。你可以提前准备一份问题清单，上面写一些你认为重要的问题。

有一些问题，我觉得特别好，分享给你。

（1）你最想和什么样的人一起工作？如果再给我推荐3个你认为最优秀的人，你会选谁？

目的：这个问题，能看出他的文化和价值观。一个人的朋友圈及周围的环境，也可以反推出一个人的水平、格局、品位。

（2）你和别人起过最大的冲突是什么？

目的：在什么情况下，他忍无可忍。在什么条件下，他控制不住情绪。在什么事情上，他看得无比重要。

（3）上班第一个月，你准备做什么？

目的：候选人对工作能不能进行必要的学习，以及设定自己的工作节奏。自驱的人，不应该等别人给他分配任务。

（4）在你这个岗位上，你认为需要什么样的技能和才干？你认为普通人和顶尖高手的区别在哪里？

目的：有没有对行业和职位的洞察，对自己有没有不偏不倚的认知。

（5）你主动修改过年度计划和指标吗？为什么？结果怎么样？

目的：在变化的世界，需要识别风险和机遇。能不能转化目标，并且有执行下去的能力。

（6）你的决定，导致过公司受到了重大损失吗？怎么处理的？

目的：工作中总会犯错。但这是技术错误，还是原则错误？是不可容忍的低级错误，还是应该鼓励的创新错误？

（7）项目结束后，有一笔丰厚的奖金，你准备怎么分配？

目的：团队利益与个人利益，谁更重要？

（8）做项目的时候，你的客户、老板、同事对项目分别有什么期待？

目的：每个人想要的都不一样。能不能洞察需求，做出平衡，还要让事情能够顺利发生和完成。

（9）你曾经在哪件事情上，想过要逾越规则，不说真话？

目的：一个人的原则和底线，到底在哪里？

（10）你能教我一件我不会的事情吗？

目的：优秀的人应该有好奇心，还要有很好的逻辑表达能力，能让人听懂你说的话。

这份清单，你可以自己设计，不断优化。拿着这些问题去面试时，会更有把握找到靠谱的人。

结语　CONCLUSION

找人，几乎是所有事情的源头。找人的过程很辛苦，但是找错人的代价会很痛苦。

乔布斯说，我过去常常认为一位出色的人才能顶两名平庸的员工，现在我认为能顶 50 名。我大约把 1/4 的时间用于招募人才。

多花点儿时间，这是值得的。而且，一流人才大多会找来一流人才，但是二流人才会找来三流、四流的人才。

希望你能找到合适和靠谱的人，能和这样的人一起工作。

祝愿：良将如潮。

优秀管理者要具备的七条素养

极限施压

2020年10月2日，美国总统特朗普确诊感染新冠肺炎，一时引起轩然大波。回顾特朗普上任以来，对我们是真的非常不友好。加征关税、污名化、打压华为……采取了各种极限施压的策略。

什么叫极限施压？鲁迅曾经说过类似的策略，大意是，人的

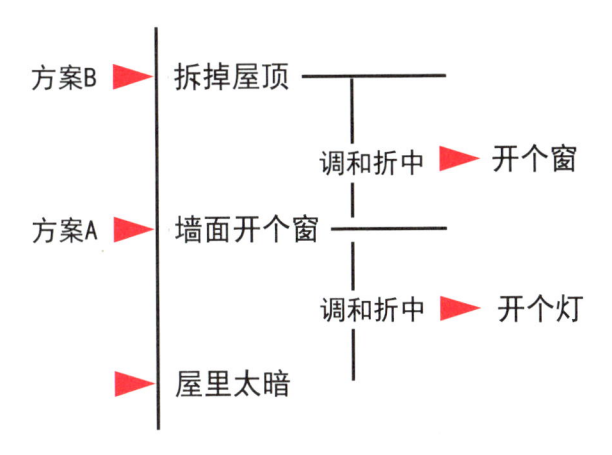

```
方案B ▶ 拆掉屋顶 ┐
                 ├ 调和折中 ▶ 开个窗
方案A ▶ 墙面开个窗 ┤
                 ├ 调和折中 ▶ 开个灯
        ▶ 屋里太暗 ┘
```

性情总是喜欢调和折中的。譬如你说，这屋子太暗，须在这里开个窗，大家一定是不允许的。但是，如果你主张拆掉屋顶，他们就来调和，愿意开窗了。

这就是极限施压的谈判策略。在这方面，特朗普驾轻就熟。所以，作为管理者，你可以不应用这种策略，但是你不能不了解。

低位的安全感、中位的公平感和高位的目标感

这句话是什么意思呢？就是说，当你在做管理的时候，越低层的员工越在乎的是安全感。没有安全感，就是感觉没办法保护自己。比如感觉自己的岗位不稳，有被裁掉的风险。

中位的员工可能已经不用担心安全感的问题了。这个工作不想做了，很快就可以找到新的工作，根本不用去考虑生存的问题。所以中位的人更在乎的是公平感。他们更在乎：凭什么给他这样的待遇，而我没有？

那高位的员工呢？高位的员工更在乎目标感。什么是目标感？就是这件事为什么要这么做？这样做有什么意义？所以，管理者在面对不同级别的员工的时候，要照顾到的情绪和感觉是不一样的。

作为管理者，低位员工，你要给安全感；中位员工，你要给公平感；高位员工，你要给目标感。

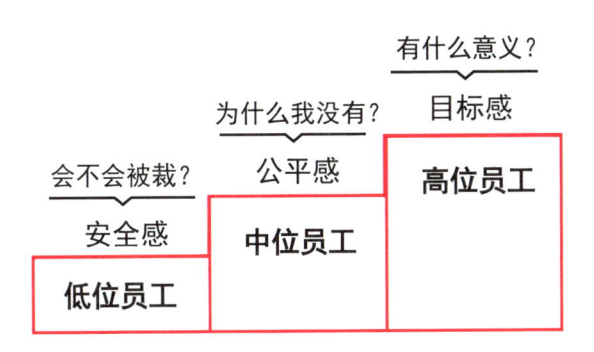

```
              有什么意义？
      为什么我没有？  目标感
会不会被裁？  公平感   ┌──────────┐
            ┌────────┤  高位员工  │
  安全感    │ 中位员工 │          │
┌──────────┤         │          │
│  低位员工 │         │          │
└──────────┴─────────┴──────────┘
```

只有平庸的人，才总是处于最佳状态

一个人之所以处于最佳状态，是因为他觉得自己做什么事都很顺利，做什么事都很轻松拿手。但是，当他开始享受这种状态，也就是开始享受这种所谓的最佳状态的时候，他就会停留在这个地方。所以，他就会一直处于这种平庸的状态。

换句话说，只有平庸的人，才总是处于最佳状态。所以，当你感觉到自己处于最佳状态的时候，就说明你正在流于平庸了。这个时候，你该怎么办？

你必须要想办法去做一些有挑战的事情，去经历痛苦，去感受焦虑。这样，你才会再往前走。记住，只有平庸的人，才总是处于最佳状态。

68%的老师认为自己的教学水平位列前25%。这是我看到的一组统计数据。我觉得,这对管理者管理下属,甚至管理自己非常有帮助。

这个数据说明什么呢?说明人总是对自己有过高的判断。什么意思?比如,两个人做家务,你说你做得多,他说他做得多。把两个人说的加在一起,那两个人所做的家务之和通常是超过100%的。再比如,80%的人都会觉得自己的智商超过平均水平(中位数)。但其实,这个世界上有一半人的智商比平均水平(中位数)要低。所以,人总是高估自己。这是一个常见的现象。

那么,我们认识到这个现象的目的是什么?我们要知道当我们评估自己的时候,经常是高估的;对别人经常是低估。那怎么办?在给自己的评估结果上打7折,在给别人的评估结果上翻一倍。这样,你可能会获得一个更客观的评估。

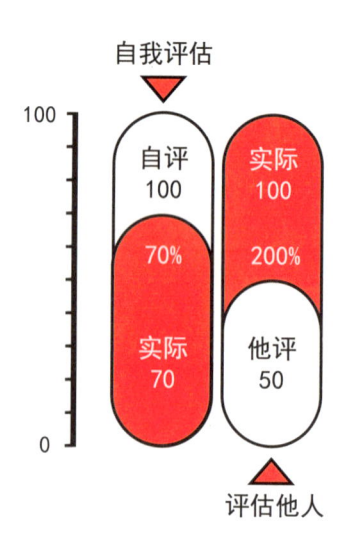

自我评估

自评 100	实际 100
70%	200%
实际 70	他评 50

评估他人

管理没有正确答案

这句话什么意思？很多人觉得，如果题很难，应该没有正确答案才对啊，怎么会到处都是正确答案呢？因为，到处都是正确答案，就说明每个人都觉得自己给出的答案是正确的。

这时，其实也就没有什么正确答案了。就像我们这个真实的世界中，每位管理者遇到的问题——员工、客户、股东，站在每一方角度给出的方案，都是对的。但是你要怎么抉择？考虑谁的利益？这才是真正的难题。所以这句话，说出了很多管理者的真实处境。

什么处境？即每个管理者其实每天都在管理着一些没有正确答案的事。很多事情是没有办法达成共识的。有共识的，有唯一答案的，都是简单问题。

所以，当你面对一个很多人给你不同答案的问题时，不要沮丧，不要觉得大家是在为难你，这恰恰说明大家相信你这个管理者，希望通过你来达成共识。作为一个优秀的管理者，你的价值和责任就是来处理这种没有共识的难题；遇到问题，不断往前摸索，试错，调整。

自燃、可燃、阻燃、助燃

自燃、可燃、阻燃，是稻盛和夫说过的。大意是，员工大概

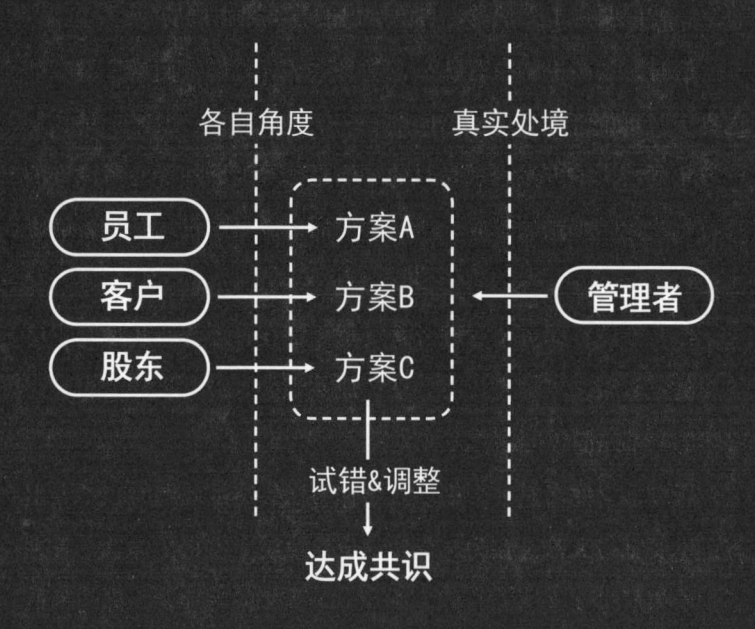

```
                        各自角度        真实处境

        ┌──────┐      ┌─────────────┐
        │ 员工 │ ───→ │  方案A      │
        └──────┘      │             │
        ┌──────┐      │  方案B      │ ←───  ┌────────┐
        │ 客户 │ ───→ │             │       │ 管理者 │
        └──────┘      │  方案C      │       └────────┘
        ┌──────┐      │             │
        │ 股东 │ ───→ │             │
        └──────┘      └──────┬──────┘
                             │ 试错&调整
                             ↓
                        **达成共识**
```

分为三种。

（1）自燃型员工

他们无须激励，自己就可以燃烧，自己就想着要把事情做好。自我驱动，自我燃烧。

（2）可燃型员工

自己没有办法发光发热，没有很强的进取心，但是在适当的激励之下也可以燃烧，需要别人在后面推他一把。

（3）阻燃型员工

完全燃烧不起来，怎么点都点不着。

那管理者应该是什么类型呢？助燃型。

作为管理者，你应该合理分辨你的员工是什么类型的，然后更多地发掘自燃型员工，推一把可燃型员工。

这才是你作为管理者的核心能力：把自己当作助燃剂，帮助自燃、可燃型两类员工燃烧，发光发热。

人在害怕时候的勇敢，才是真的勇敢

《权力的游戏》里有这样一段对话：

布兰：人在恐惧的时候还能勇敢吗？

奈德：人唯有恐惧的时候方能勇敢。

为什么人在害怕时候的勇敢，才是真的勇敢？因为，害怕是每个人都有的正常的情绪。

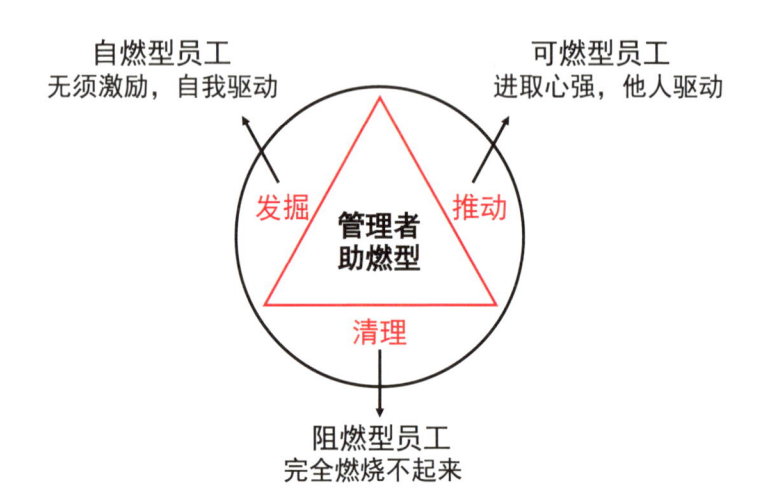

自燃型员工
无须激励，自我驱动

可燃型员工
进取心强，他人驱动

发掘　　管理者
　　　　助燃型　　推动

清理

阻燃型员工
完全燃烧不起来

作为管理者，你会面临各种压力，遇到各种突发情况。你会沮丧，会失落，甚至会害怕。如果在这种害怕的情况下，你还能去战斗，去解决问题，而不是选择退缩或者逃避，这才是一位真正的管理者，这才是真的勇敢。

站在旁观者的角度指点江山，展现出来的勇敢，都不是真正的勇敢。就像罗曼·罗兰所说，世上只有一种英雄主义，就是在认清生活真相之后依然热爱生活。

真正成熟的人，看谁都顺眼

有的人总是看谁都不顺眼，这是极度不成熟的表现。

有的人，只跟自己喜欢的人打交道，而跟另外一群人就是玩不来，这是中间成熟的表现。

为什么看别人会不顺眼？那是因为他站在他自己的视角，去看一件事，去看一个人。他会觉得这个人怎么会这样做事，要是我，我肯定不会这样做。但其实，每个人的决策都有他的合理性。

那个人之所以那样做，很可能他是在一个复杂的环境和苛刻的限制条件下做出的抉择。所以，**看谁都不顺眼是极度不成熟的表现，看一部分人不顺眼是中间成熟的表现。**

看谁都顺眼的人，才是真正成熟的人。

为什么？因为这样的人总是站在对方的角度，理解对方做事情的原因，理解对方的处境。他们更愿意去理解别人，更愿意站在别人的角度去思考问题。所以看谁都顺眼。看谁都顺眼，就表示认同对方的任何观点吗？不是的。顺眼并不代表认同，不代表他认为对方就是完全正确的，不代表"换成我，也会这么做"。他可能一辈子都不会那么做，但是他知道这是站在对方的角度，思考对方的选择、对方的价值观、对方的逻辑。

如果一个真正成熟的管理者看谁都顺眼，也就意味着他承认并且接受真正的多样性。**菲茨杰拉德有一句名言："一个人同时保有两种相反的观念，还能正常行事，这是第一流智慧的标志。"**这才是一位优秀管理者应该具有的素质。

以上，就是给管理者的七条建议。

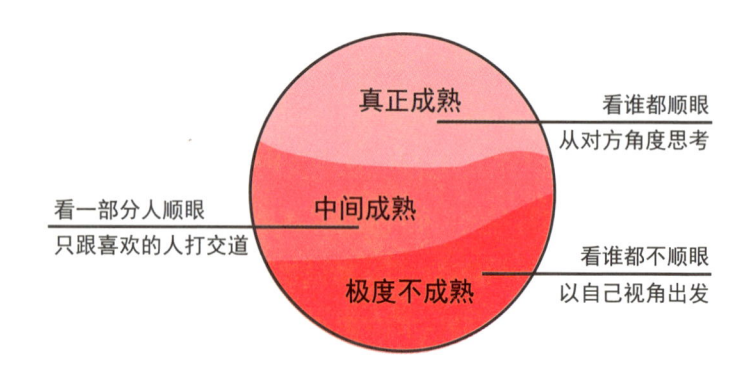

管理者的沟通心法

永远不要成为批评情绪的奴隶,试着成为驾驭情绪的主宰。

波特定律

在日常管理中,很多时候,当下属犯了错误时,管理者都会严词批评一番,有时甚至将员工骂得狗血淋头。

在他们看来,似乎这样才会起到杀一儆百的作用,才能体现规章制度的严肃性,才能显示出管理者的威严。

然而,这样做的效果真的好吗?英国行为学家波特说:"当遭受批评时,下属往往只记住开头的一些话,其余就不听了,因为他们在忙于思索论据来反驳开头的批评。"

"越批评,越火上浇油。"

人们将波特所说的这种现象称为"波特定律"。

当下属做错了某件事情的时候,管理者的指责可能是必要的。目的是唤起下属的责任心,让他改正,在他的脑子里形成一种警

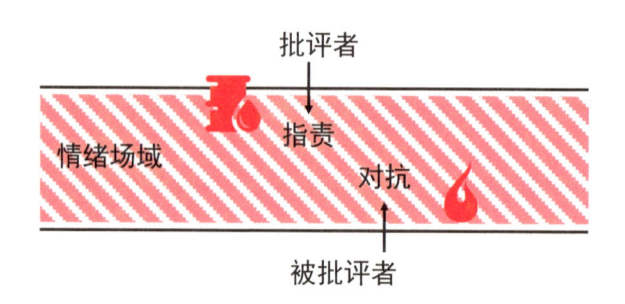

```
                    批评者
                      ↓
         🔧      指责
情绪场域
                 对抗  💧
              ↑
           被批评者
```

示，以后不再犯同样或类似的错误。但是，并不是所有的批评都可以达到这样的目的。因为批评和被批评的过程，通常不是在心平气和的"情绪场域"中进行的。

并且当下属遭受批评过多时，情况会更加糟糕。

有的时候过于关注员工的错误，尤其是公开批评的时候，会大大挫伤员工的积极性和创造性，甚至导致员工产生对抗情绪，这样就会造成非常恶劣的后果。

那么，如何避免波特定律的影响呢？

对事不对人

首先，修炼同理心，做到"对事不对人"。

这看似简单，但是当沟通双方情绪场域处于紧张绷紧状态的时候，却往往容易演变成剑拔弩张的"对人不对事"。

举个例子。

你觉得员工没有团队合作精神，如果你直接说："小王，我觉得你没有团队合作精神。"这就是在评价人。而如果你说："小王，在这件事情上，我没有看到团队合作精神的体现。"这就叫作评价事。

"小王，我觉得你工作不积极。"这是评价人。

"小王，我没有在这个十万火急的项目上，看到你积极的表现。"这是评价事。

"小王，我觉得你人品和价值观有问题。"这是评价人。

"小王，你是一个自驱力很强、价值观很正的人。我一直很相信你。但是在这个事上，我觉得你面对压力慌了神，你是有着明确的对错价值观的。明明是忘记做了，因为知道事情的严重性，却没有勇气承认自己忘记的事实。"这是评价事。

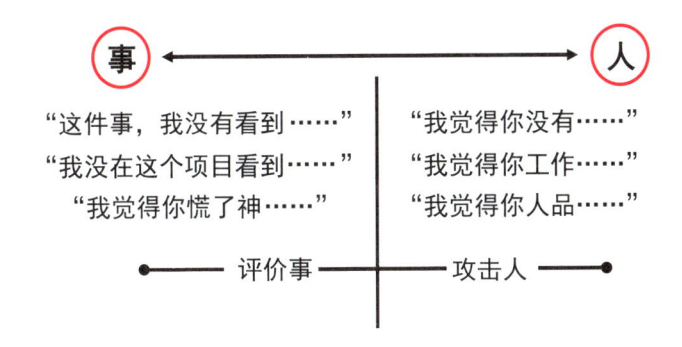

事 ← → 人
"这件事，我没有看到……"　　"我觉得你没有……"
"我没在这个项目看到……"　　"我觉得你工作……"
"我觉得你慌了神……"　　　　"我觉得你人品……"
评价事　　　　攻击人

评价人和评价事，有什么区别？

你觉得员工没有团队合作精神，价值观有问题，但真的是这样吗？

也许员工自己并不这么觉得。

在另外一件事上他明明表现得非常有团队合作精神，价值观非常坚定，做事很有激情。

所以，你不能定性地说他就是价值观有问题，善恶不分，没有是非观。

这就已经上升到了"人品降维攻击"。

把一件"已经发生，有待挽回"的事情推向了"更加失败，无可挽回"的恶意深渊。

然后，管理者在"确认偏见"效应的影响下，常常是先下结论，再去寻找对结论有利的证据。

什么是确认偏见？

当你认定了一个观点时，大脑会持续、有选择地去寻找证据来证明自己的观点是对的，同时对那些证明是错的证据，则有选择地忽略和无视。

比如网络盛传地域黑。当你不在乎真相的时候，你会找100个例子来证明你眼里地域黑的正确性。

当你认为一个人是坏的，价值观不对，你就会持续找例子来证明你是对的，而不在乎真相。

你只能说，在某一件事情上，他表现得——或者说至少在你

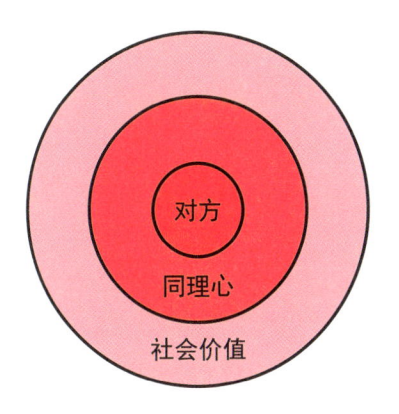

[图：三个同心圆，从内到外分别为"对方"、"同理心"、"社会价值"]

看来，团队合作精神还不够，做事方法还不够成熟。

每个人对自己都是认可的。甚至有时连无恶不作的坏人，都坚定认为自己的残暴是"伸张正义"。如果你否定对方这个人，那么势必会受到对方的抵触。所以记住，在向员工传递负面反馈的时候，"对事不对人"。永远不要进行"人品降维攻击"，永远假设人是对的，只不过是事错了。

站在对方的角度去思考，让对方感到舒服，顺应人性，这就是同理心。

看似很简单，但却要花一辈子时间来修炼。

同理心，能让你面对委屈时不至于红眼睛，面对挑衅时不至于红脖子。能让你在面对复杂沟通时，不沦为情绪发泄的奴隶，而是成为驾驭情绪的主宰。

你所能交流、接触人群的广度和深度，决定了你能在这个社会中获得的高度和深度。而同理心是这一切的基础。

要反对，而不是批评

进行批评教育时，要掌握员工的心理规律：

"人们不喜欢被批评，不愿意接受训斥，一旦听到批评的言语，总想着找理由为自己的失误辩解，这是人们的心理客观规律。"

"客观规律是难以违背的。客观规律不以人的意志为转移。"

管理者面对员工的错误时，往往气血上涌，痛骂一顿，恨不得把员工从窗户扔下去。

然而，将员工骂个狗血淋头，只会让双方关系紧张，无益于改进工作。

灭火的方法，不是浇油，而应先采取鼓励的方式，对员工以往的成绩进行肯定，最大限度地消除其心理抵触情绪。然后再帮助员工找出工作失误的具体原因，使员工在内心深处理解管理者的良苦用心，不断促进他们改正错误，提高工作质量。

杰克·韦尔奇曾说："当人们犯错误的时候，他们最不愿意看到的就是惩罚。这时最需要的是鼓励和信心的建立。首要的工作就是恢复自信心。"

为什么要反对，而不是批评呢？

反对，是表示我不同意你的观点，我讲出为什么不同意。

批评，是我认为你的观点是错的，我讲出为什么你错了。

本质差别，是有没有把自己放在必然正确的位置上。

谁也不会必然正确。

比如，你的下属为了和你完成销售额增长这个目标，他说需要增加拜访数量。

但你不这么认为。你认为资源上已经没办法支持你们再增加拜访数量了，只能想办法提高转化率。

可下属还在滔滔不绝地说。

这时，你会怎么办？

你是直接打断他，并告诉他公司已经没有足够的客源支持你们增加拜访数量了，还是仍然耐心听他讲完，然后说："你的想法确实很好。增加拜访数量确实是一个提高销售额的好办法，不过我认为我们不太适合用这种方法。因为公司没有足够的客源支持我们这样做了。我建议，我们应该想办法通过优化拜访流程等手段，提高转化率。"

表面看上去，这不一样吗？还浪费了时间。

但其实不一样，仔细体会。

从你和下属的关系上来说，第一种是高下关系，第二种是并排、平行关系，表示你和下属的目标是一致的，你们共同努力。

德鲁克说："管理的本质，就是激发善意。"

你是要一个不主动思考、只听话的下属，还是一个会主动思

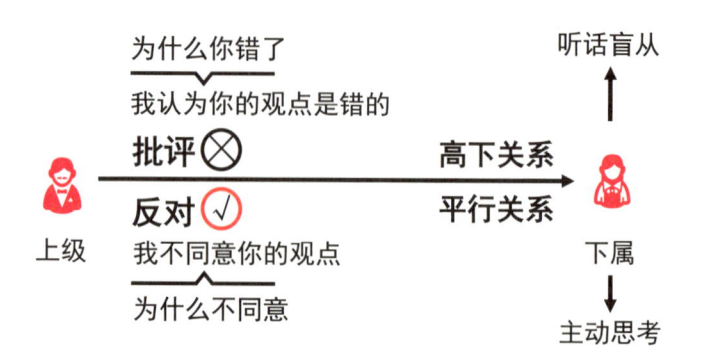

```
                为什么你错了                        听话盲从
                                                    ↑
           我认为你的观点是错的
              批评 ⊗           高下关系
       ●━━━━━━━━━━━━━━━━━━━━━━━━━━━━━●
              反对 ✓           平行关系
       上级  我不同意你的观点              下属
                                                    ↓
                为什么不同意                      主动思考
```

考、和你并肩战斗的战友？

如果是后者。我建议你，要反对，而不是批评。

认知协调

你说对方是好人，对方就会变成好人。

在进化岛社群，我对同学们说：

人性有善的一面（通过努力获得成功），也有恶的一面（不劳而获、贪污受贿）。

作为管理者，要理解人性的多样性，不要测试人性。

好的管理，不仅仅是一句"我相信你"，还要有"如果你破坏了我的信任"后的雷霆万钧。严重时，挥泪送进监狱。

懂得激发人性善的，还不是一个完整的管理者。

懂得用制度抑制恶、惩罚没有抑制住的恶的，才是伤痕累累的成熟的管理者。

当有一天你能意识到并平静面对以下事实时，说明你成熟了。

①你的团队绝大多数都是好人；

②抑恶扬善的根本，是制度设计；

③但即便这样，也有坏人藏在你的团队中。

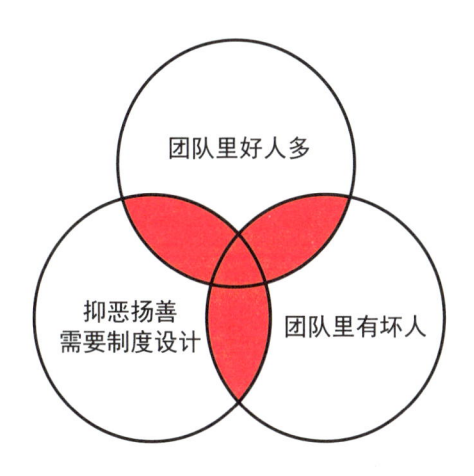

那么，当你发现团队里真的有坏人，动机不纯，价值观不正，在用"恶意"指导行为，上班不想着干活儿，就一心谋划着对你不利时，该怎么办？要去找他当面理论吗？说："你为什么伤害我？你是故意的？还抵赖？我有证据！还不认错？"

这样可以吗？可以。但做法可能还不够"高级"。

这么做，可能当下能制止他对你的不利和伤害，但几乎可以肯定的是，你从此多了一个敌人。

没有人会认为自己是那个"坏人"，就算他做了坏事，也一定为自己找好了理由。

你戳穿他，他也一定本能地从内心认知协调出发，维护自己的动机。你把他当坏人，他也就把你当成坏人。

只有这样，他才能睡得着觉。这种"坏人记仇"的故事，被拍成了无数电影，还有无数宫斗剧……

"高级"的人，可能就不会这么做。因为他们知道，绝对不能攻击对方的动机。一旦攻击了对方的动机，即便你大获全胜，可能随后就埋下了一颗定时炸弹。

"高级"的人，会这么沟通：

我注意到你最近做了件什么事（描述行为），我知道你是出于好意（肯定动机），我看出来了，你还瞒着我，我非常感激，谢谢。

虽然这份好意没有真的起作用，甚至对我有些不好的影响，但我还是很感激（表达善意）。

如果你能那样做，就更好了（给出建议）。

坚持说、坚持说，对方也会以为：

自己做这件事，就是出于善意，自己是好人（这很重要）。

然后，同样出于认知协调的原因，他会改变自己的行为，让自己做的事情符合善意这个动机。

善意沟通
描述行为 → 肯定动机 → 表达善意 → 给出建议

重复

心智塑造
自己做这件事,就是出于善意,自己是好人

认知协调
改变行为,让自己做的事符合动机

他又能睡着觉了。不过这次，你也会睡得很香。

你说对方是坏人，对方就会变成坏人；你说对方是好人，对方就会变成好人。

听上去很神奇，但这就是"认知协调"的力量。利用认知协调改变人，是"高级"的打法。我身边"高级"、有领导力的人，都这么做。通过认知协调的沟通心法，来激发员工的善意。

多用建议，少用批评

在进化岛社群，我对同学们说：

人对事业的热爱，发自内心想要成为更好的自己的激情和驱动力，对人的同理心，是根。

根不烂，就有生命力。

一定要谨慎使用批评。不仅是对下属，对所有人都是这样。因为批评是个"强大到弱小"的工具。

首先，批评这个工具很强大。当所有人都在夸一个人时，你只要站出来说一句："他的动机你们又不是不知道，有必要这么不顾事实地夸吗？"立刻，绝大部分人就不说话了。

为什么？因为相对于表扬来说，批评自带信息优势（他一定知道些我不知道的内情，所以才敢批评，我傻了，表扬早了）；批评自带力量（批评用的词语，通常更断然，更极端，更有攻击性，更富感情色彩）。

所以，人们喜欢批评。因为批评这个工具，非常强大。但是，从结果上来说，批评也因此而弱小，批评有种阻断沟通、到此为止的力量。

那么，然后呢？然后大家都闭嘴了。或者，就吵起来，甚至打起来了。

真正强大的，是建议。

我曾经有位老板（微软大中华区副总裁），给我讲过他向卡莉·菲奥莉娜（就是后来惠普全球 CEO，还参选过美国总统）汇报工作的故事。遇到任何问题，卡莉从来不说"这不行，这个想法很愚蠢"，而是说"**这个想法很棒，如果能在 ×× 方面再完善一下，估计可行性会大大提高**"。

每次，我这位老板都满怀激动地走出卡莉的办公室。

这就是批评和建议的区别。批评专注于缺陷，建议专注于如何弥补缺陷。建议比批评，高级整整一个段位。告诫自己，尽量减少批评。因为它强大到弱小。以后多用建议替代批评。

结语 CONCLUSION

上面4个沟通心法,希望对你有所启发。

①修炼同理心,对事不对人;

②要反对,而不是批评;

③通过认知协调的沟通心法,来激发员工的善意;

④多用建议,少用批评。

真正的沟通高手,都能在复杂沟通场景之下,游刃有余。永远不要成为批评情绪的奴隶,试着成为驾驭情绪的主宰。相信自己,你可以的。

共勉。

员工心流是可以被管理的

下面我们来聊一个话题：心流。到底什么是心流？如何管理员工心流？

心流，通常用来描述当一个人投入某一项任务时，感受到的愉悦状态。

心流是心理学家米哈里·契克森米哈赖提出的一个概念，也是每个人都想追求的一种状态。

你有没有过这样的经历：当你在做一件事的时候，不愿意被打断，甚至都会忘记时间，忘记吃饭，通常这时候就进入心流状态了。比如，程序员在写代码的时候，如果他跟你说，再给我半小时，结果一下5个小时过去了，他都没有意识到，这就说明他进入心流状态了。

因为心流状态是一种非常专注、高效的状态，所以我们都希望自己能够进入这种状态。但大多数时候，我们是体验不到心流状态的。

为什么呢？这就要说到物理学中的一个概念"熵"。熵指的是无序的量度。比如，热的物体会自动向凉的物体传递热量，能量转化过程中就一定会出现损耗，所以物体的浓度总是趋于扩散，结构趋于消失，有序会趋于无序。

这就是物理世界的熵。

米哈里把这个概念迁移到了心理学，提出了一个概念叫"精神熵"。

精神熵是指人的意识也会自发变得无序和混乱，一旦意识变得无序，也就意味着，人的内心失去了秩序，会变得焦躁不安。

精神熵是和心流状态完全相反的一种状态，会带给人不好的体验。但是我们大多数时候处于精神熵状态。

心流的特征

如何来对抗精神熵状态呢？获得最优体验，也就是进入心流状态。

那么，到底怎样才能进入心流状态呢？心流状态是一种可遇不可求的随机状态，还是有规律可循呢？

米哈里发现，心流状态其实会受到一些因素影响。也就是说，我们可以创造一些条件，从而进入心流状态。比如，有清晰的目标。

米哈里通过实验发现，当一个人没有目标、无事可做的时候，就很容易陷入空虚、焦虑、无聊的情绪里，也就是前面说的精神熵。相反，当一个人有清晰的目标的时候，更容易集中注意力。而他

愉悦

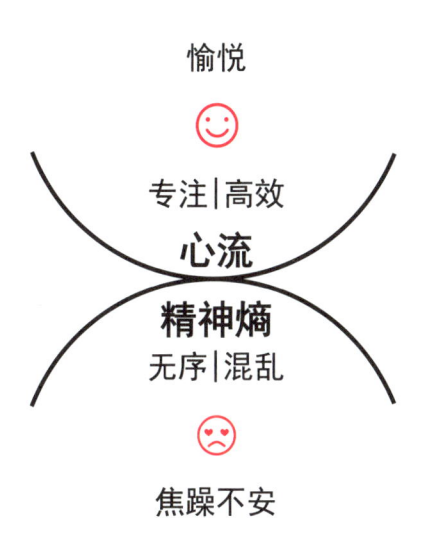

☺

专注 | 高效

心流

精神熵

无序 | 混乱

☹

焦躁不安

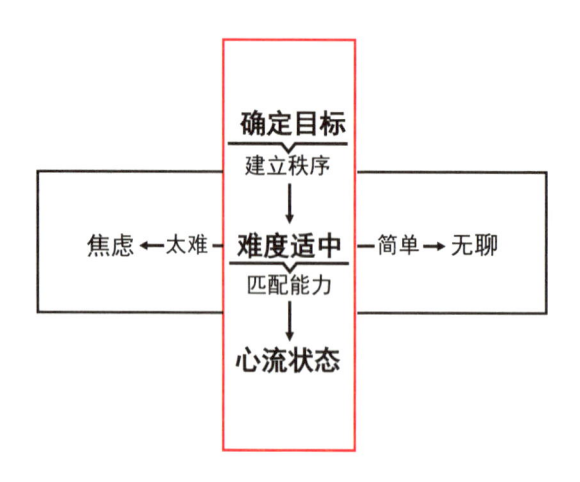

```
         确定目标
            │
          建立秩序
            ↓
焦虑 ← 太难 — 难度适中 — 简单 → 无聊
            │
          匹配能力
            ↓
         心流状态
```

的行为也会更有指向性,这时候反而更容易进入心流状态。

当人们感到焦虑、无聊时,就会陷入负面情绪中,打乱原来的生活节奏,突然之间觉得没有了目标。人们原来就像希腊神话里的西西弗一样,每天把石头推上山,日复一日。可是有一天早上,一睁开眼,发现石头不见了,突然之间就不知道接下来该做什么了,内心失去了秩序感,就开始慌乱、焦虑。

怎么办?重新建立起秩序,找到一块新的石头。比如,给自己定一个看书或锻炼的目标,无法控制外部环境变化,那就重新建立自己的内在秩序。

但是,光有目标还不够,进入心流状态的另一个特征是,你所做的事情要难度适中。也就是说,你所从事的活动,和你的能力相匹配。对你来说，任务不能太难，也不能太简单。太难，容易产生挫败感，会很焦虑；如果太简单，不费力就能搞定，就感受不到成就感。

最好的状态是，目标难度适中，不至于拼了命都完不成，也没有那么容易就能完成。

另外，还需要即时反馈。比如，你花了很多时间做了个方案，交给领导后，被表扬了。这种正向反馈，会让你备受鼓舞，工作更有动力。

因为即时反馈，让你及时看到了自己的进步。然后"进步—表扬—进步"，循环往复，就形成了一个正向的增强回路。

管理员工心流

既然进入心流状态有规律可循，那么对管理者来说，就可以通过管理员工心流，帮助员工摆脱低效的工作状态。

但是，从经验来看，在分配任务的时候，管理者更倾向于给员工分配他更熟练的工作。比如，有员工入职后，你安排他去负责包装的事情，刚开始可能有点儿生疏，但是后面越来越熟练了。熟练到这件事对他来说，已经没有任何挑战了。别人包装一个，他能包装两个。这时候，员工就会开始觉得无聊了，已经没法从这件事中获得乐趣了。

怎么办呢？增加难度，让他去做一些更有挑战性的事情。

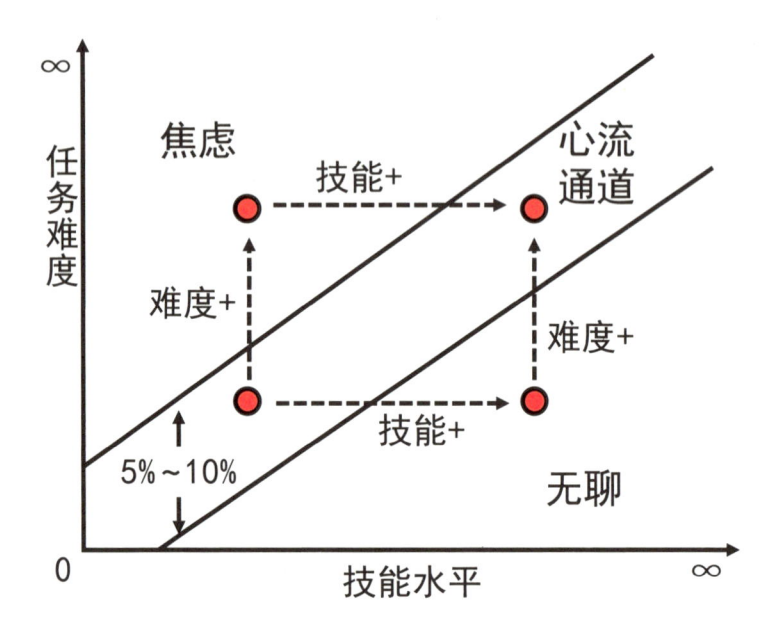

这其实是一件反直觉的事情，因为从管理者的角度来说，做熟悉的事情更高效。但是太熟悉，员工就会对工作失去兴趣，这时候，就需要适当增加一些难度。

虽然刚开始可能有点儿难，但为了突破难关，员工就会更专注，从而达到一种心流的状态。

阿里有一项规定，就是三年动一动。如果员工在一个位置上的时间太久，就容易没有激情。所以要增加一些难度，让他觉得这个工作是有挑战的，一旦有挑战，他就会从无聊的状态中解脱出来。

但是，要让工作难度和个人能力相匹配。因为高能力的人做低难度的事容易无聊，能力一般的人做高难度的事容易焦虑。如果做一件事不是无聊就是焦虑，这种体验就没法让人坚持下去。

但在焦虑和无聊之间有一个空间，就是心流通道。更加精确地说，当难度略高于技能5%~10%的时候，更容易进入心流状态。

当然，还要对员工做出的成绩，给予即时反馈。

当一个人从事的工作，目标明确、可以得到即时反馈，并且难度适中，他就更容易进入心无旁骛的心流状态。可能过了2小时，就好像只过了2分钟一样，工作效率会大大提升。

结语　CONCLUSION

心流状态,是我们很多人都期望拥有的一种状态。

很多人觉得,既然这是一种愉悦的状态,那休闲娱乐是不是更容易获得心流体验?

心理学家研究发现,人们大部分的心流体验其实是在工作中获得的。

为什么呢?因为心流体验具备一些特征:比如,明确的目标,做的事情难度适中,有即时反馈。这些特征恰恰也是工作需要具备的。

这也意味着,员工的心流是可以被管理的,管理者可以通过管理员工的心流,来帮助员工提高工作效率。

管理者的实践

关于管理,最近的七点感悟,分享给你。

让员工以做老板的心态打工,是管理者的自我麻醉剂。很多管理者喜欢感叹:

"不要太在意工资,要多承担责任,才能成事。"

"要以做老板的心态打工,你是在为你自己工作。"

"现在的年轻人啊,普遍吃不了苦,动不动就离职。"

"996是对你好,重要的是成长。"

对于这些老板和管理者的感叹,我只能说:永远不要期望你的员工能"以做老板的心态打工",除非你真的让他成为老板之一。有这种觉悟的员工如果不能在你这里成为老板,历练完一定会去别的地方成为老板。

这个世界是公平的,只让员工承担更多责任,没有相应多出来利益,"让员工以做老板的心态打工",是管理者的自我麻醉剂。

管理最后就五个字:责、权、利、对、等。

责,是结构问题;权,是授权问题;利,是激励问题。

激励的目的,是激发善意,改变行为。工资发给责任,奖金发给超额业绩，股权发给潜力。你需要了解员工的需求，而不是把自己以为好的东西提供给他。

前两天，有条段子刷了屏：

情怀、愿景、战略、理想、梦想，对于绝大部分员工来说，太过遥远。负债、生存，却近在咫尺。给钱，给超出他们预期的钱，让员工创造的价值得到丰厚的回报，才是对员工最大的尊重。

发现盲点

你必须承认，别人可能知道一些关于你的，连你自己都不知道的事情（盲点），就像你知道你有一些关于自己的事情从未告诉别人（隐私）。好的管理者，不断了解自己，发现盲点，突破思维局限，开启潜能，并帮助别人了解他们的盲点。

再小的公司，也有江湖。如果你在乎别人对你的评价，喜欢听好话，别人就能利用这一点来影响你，甚至掌控你。你喜欢听好话，你身边就会围上来一圈说各种甜言蜜语的人，你离真相就会越来越远。

拆解任务

很多管理者对于下属 KPI 任务的布置，认识是不到位的。给

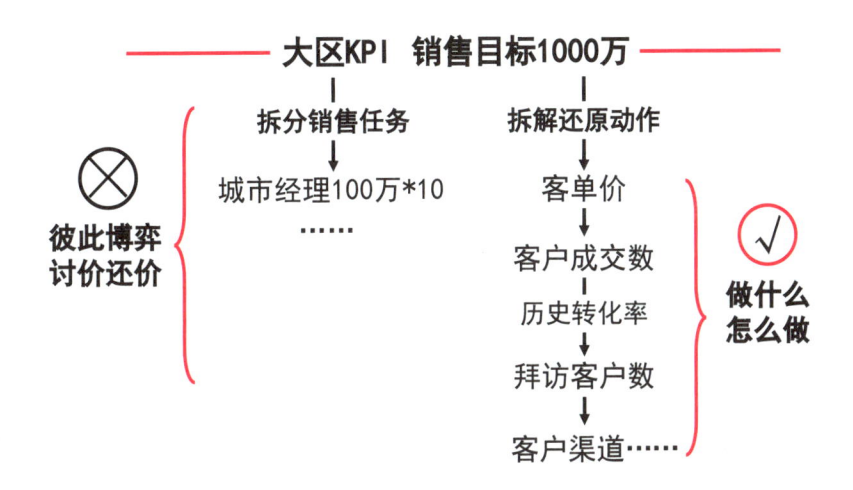

```
──────── 大区KPI  销售目标1000万 ────────
           │                    │
      拆分销售任务          拆解还原动作
           ↓                    ↓
      城市经理100万*10          客单价
      ……                       ↓
                             客户成交数
                                ↓
                             历史转化率
                                ↓
                             拜访客户数
                                ↓
                             客户渠道……
```

⊗ 彼此博弈 讨价还价

✓ 做什么 怎么做

下属布置任务是拆解，不是拆分。什么是拆分？比如一个大区的KPI是1000万元销售目标，10个城市经理每人领走100万元的销售任务。

城市经理可能会再给自己下面10个一线销售每人10万元的销售任务。为了以防万一，还可能会给下面暗中加码。上面是1000万元的销售任务，最后下面合起来是1100万元。然后彼此博弈，讨价还价。这可能是大部分公司的现状。

什么是拆解？1000万元的销售业绩是结果，我们要试着还原出做到1000万元前面的动作，拆解KPI。比如说做到1000万元，每个客户的客单价是多少，拆解计算出要成交多少名客户；根据历史转化率，想要有那么多成交用户，又拆解出需要拜访多少客户；想要找到这么多客户，再拆解出可以去哪些渠道找到他们……一步一步拆解成动作，让下级清楚地知道应该做什么，可以完成自己的目标，才是一个合格的管理者。

"造钟人"

为什么说满分OKR，是一件坏事？什么是OKR？O，就是Objective，目标；KR，就是Key Results，关键结果。

OKR，是最早由英特尔公司使用，后来在谷歌公司火起来的目标管理方法。简单来说，OKR就是年初你结合公司、老板以及自己认为重要的事，定好"O"以及与之对应的"KR"。然后努

报时者　　造钟人

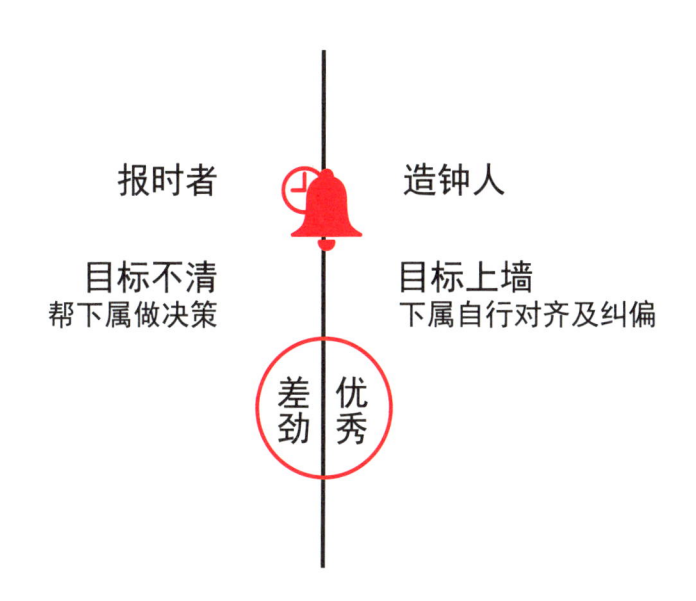

目标不清　　目标上墙
帮下属做决策　　下属自行对齐及纠偏

差劲 | 优秀

力干一年。年底，用"KR"来评估这个"O"做到了没有。有了"O"之后，你的心中装的就不是今天我有没有在老板面前展示自己了。因为那个没用。你心中装的，开始是那个"O"了。

有一本书叫《基业长青》，里面讲过"报时者"和"造钟人"的区别。下属来问，老板，老板几点了？你说3:30。又有下属来问，老板，老板几点了？你说4:15。你一直在报时，在帮助下属做决策。那么多人，天天问你几点了，问你怎么办，你会非常辛苦，还容易出错，最终会累死。

为什么？因为墙上没有一只钟。你就是大家的钟，你的决策就是大家的目标。好的管理者，是"造钟人"。造钟人造的，是一只基于目标的管理的"钟"。我现在应该做什么？看看墙上的目标。我现在有没有落后于进度？看看墙上的目标。我年底能不能获得奖励？看看墙上的目标。这样的管理者，才是优秀的管理者。

激励相容

激励相容，是指私利与公利的一致。每个人都有自私的一面，如果能有一种制度安排，员工越自私，公司就越赚钱，这种制度，就是"激励相容"制度。如果不相容会发生什么情况呢？员工会为了提高自己的业绩，为了产品更好卖，用极低甚至亏本的价格把东西卖出去。

举个例子。你买了几本书，今天到货了。送书的快递员告诉你："下次买书尽量多下单，每单少买些。"你很不解。快递员说："我们是按件计费，这样一大箱子才挣1块5，不太合算。"

个人利益和公司利益没有用制度统一起来，就会导致员工为了个人利益，说服客户损害公司利益。

不要凡事都亲力亲为

我在微软刚从技术转管理的时候，什么都不放心。后来悟到，一直这样的话，永远都只能做一个人的事，并且别人闲死，自己累死。

衡量一个管理者管理能力的高低，不在于其做出了多少业绩，因为像项羽这样的人，一个人就能够横扫千军，很厉害。但问题是衡量管理者管理能力主要的标准，是看其培养出了一个什么样的队伍，带出了多少能够带兵打仗的人。

所以你要记住，不要凡事都亲力亲为，要给员工一定的试错空间，并且培养他成长。**管理，就是一群人共同去完成一件任何个人都无法完成的使命。**每个人都不完美，他绚烂夺目时，你要看到他的阴影。他阴霾遮盖时，你也要看到他的光亮。

成大事者，不委屈

为什么很多人下班后，总喜欢在车里待一会儿？车里是一个很安全的空间，是一个陌生人无法闯入的天地。车里会让你短暂地逃避，逃避工作的繁重，逃避家庭的琐碎，逃避生活的委屈。

在白天，你有很多身份，你属于任何人，却唯独不属于你自己。只有夜幕降临，在车里停留的片刻，你才感觉到，这一刻你是属于自己的。下车之后，又要故作坚强。因为，下车后的世界，周围都是要依靠你的人，却没有你可以依靠的人。

作为一名管理者，在管理过程中，你一定还会遇到一些挫折，感受到下属不配合、领导指责等。如果你认为你的方法得当，那我建议你，就把这些"委屈"统统咽下去吧，不要在下属面前生气，不要在领导面前不满。

你能扛多大的责任，承受多大的委屈，就能带多大的团队，做多大的事情。别忘了，你的身边，还有需要依靠你的人。成大事者，不委屈。

看淡生死，穿越周期

不出差的时候，我会和公司的小伙伴们吃办公室午餐。因为平常很忙，和他们交流也比较少，所以我很珍惜这一小段来之不易的时间。公司几位年轻的小朋友，问了我一个特别重要的问题：如何看待生死？

我想这个问题不仅对他们有帮助，对其他年轻人，对你，对一些创业者及管理者都有启发。

我经常觉得，他们太年轻了。年轻到还没有足够的经验和阅历去搭建对于商业世界的认知框架，完善对于商业世界的本质理解。有机会的时候，就要给这些小朋友"补补课"。而理解"生死"，一定是一门必修课。

对大多数人而言，他们欣喜"生"的萌芽、开花和结果，却害怕"死"的枯萎、凋零和败落。他们期待的是烟火绽放时的璀璨，却担心烟火消逝后的凄清。所以他们也常常无法接受，人为什么会老去，企业为什么会衰落。

这也是为什么，人总想着要长生不死，企业总想着要基业长青。这种对"生"的执念,也有着另一个名字:永恒。所以我们会说"海枯石烂",会说"山无陵,天地合,乃敢与君绝",会说"钻石恒久远,一颗永流传"。

但是世界的另一番样貌,却是"沧海桑田",却是"斗转星移",却是"三十年河东,三十年河西"。世界不仅有生,还会有死。生生死死,生死不息。"生死"在商业世界里的另一个名字,就是"周期"。

明白"生死",理解"周期",意味着什么?我说,意味着你们可以少一些恐惧,多一些豁达;少一些惶恐,多一些淡定。因为时常有人和我说,自己喜欢的这家产品没了,欣赏的那家公司倒了,非常难过,不知道怎么面对。

说实话,我也不太知道该怎么回复。因为自己是一名商业顾问,来找我的企业,大多是要治病,甚至救命。见惯了生死,觉得这是一件太正常不过的事情。前些年的时候,搞微博、团购、网盘的产品和公司也很多,最后也死了一大堆,只剩下现在我们知道的几家。就连谷歌这样的大公司,也放弃过上百种产品,比如我们熟悉的 Google +、Google Reader……所以,生死真的很正常。

但是站在他们的角度,他们也许没见过,没经历过,又寄托了自己很多的时间和情感,一时难以接受。想了想,可能我最后只能这样安慰:不要难过。这是企业和产品的生命周期,生死是自然规律。他们的"死",能让被占据的资源重新有效分配。又或者是,他们要用一场战役的失败,换取一场战争的胜利。这是用"死",寻求"生"。默默祝福吧。

有时,还有人会和我说,经济遇到挑战,特别害怕,不知道该怎么办。我说,你真的不知道怎么办吗?你知道要关注现金流,知道要砍掉不赚钱的长尾业务,知道要收缩投资,知道要重视客户……这些你都知道。你真正不知道的、害怕的,是你还不理解的经济周期,觉得它会毁天灭地。

如果你真的理解,你就知道周期一定会来,也一定会走。不会因为春天轻易欢呼雀跃,也不会因为冬天过分黯然神伤。真的理解"周期",你就会看淡生死,只是默默经历四季,穿越周期,不再害怕了。所以,**我希望公司这些年轻人明白"生死"和"周期"的意义,这不过是商业世界的大海中起起落落的浪花而已。**

我和他们说,明白这一点,对你们特别重要。因为你们未来精彩的人生里,会目睹甚至经历很多"生死"。在这个流动变化的时代,你们的生命周期会覆盖绝大多数企业和产品的生命周期。你们可能不会永远待在一家公司,不会永远干一份同样的工作。

这些变化,有的是你主动选择,有的是你被动接受。但无论如何,当你们能理解和接受"生死"时,在每一段旅途的终点,每一段关系结束时,便能更坦然地接受离开和告别。也许有一天,你们还独当一面,自己创业了,你们更要明白"生死"和"周期"。因为你会发现,如果想要完成自己的目标和理想,会经历许许多多的周期,只"死"一回是不够的,你可能要"死"八百遍,才能走到心中那个遥远的彼岸。

结语　　CONCLUSION

这个世界上,每天都有人在庆祝新生。但是这个世界上,每天也有人在庆祝死去。因为死去,就是新生。

对于年轻人来说,当你们明白"红白皆喜事,生死有周期"时,也就更能理解和参与这个美妙的商业世界。对于那些还在坚持的公司来说,这是一种接受,也是一个鼓励,更是一份祝福。

在艰难的时刻,有这样的心态,也许能更好地看淡生死,穿越周期。

如果还是没能成功呢?那就再换条命,然后继续。

REPLAY
➜ 复盘时刻

1 什么叫扛目标？扛目标的意思，不是说这个目标可完成可不完成，而是必须得完成。

2 人才，是企业最重要的资产，甚至是唯一的资产。

3 作为管理者，低位员工，你要给安全感；中位员工，你要给公平感；高位员工，你要给目标感。

4 在给自己的评估结果上打 7 折，在给别人的评估结果上翻一倍。这样，你可能会获得一个更客观的评估。

5 《权力的游戏》里有这样一段对话： 布兰：人在恐惧的时候还能勇敢吗？ 奈德：人唯有恐惧的时候方能勇敢。

6 如果在这种害怕的情况下，你还能去战斗，去解决问题，而不是选择退缩或者逃避，这才是一位真正的管理者，这才是真的勇敢。

7 看谁都不顺眼是极度不成熟的表现，看一部分人不顺眼是中间成熟的表现。看谁都顺眼的人，才是真正成熟的人。

8 菲茨杰拉德有一句名言："一个人同时保有两种相反的观念，还能正常行事，这是第一流智慧的标志。"

9 修炼同理心，做到"对事不对人"。

10 因为你会发现，如果想要完成自己的目标和理想，会经历许许多多的周期，只"死"一回是不够的，你可能要"死"八百遍，才能走到心中那个遥远的彼岸。

PART SIX

找到你的旋转飞轮

商业逻辑

6

用结构模块搭建商业模型

一切的复杂，都源于其固有的简单：变量、因果链、增强回路、调节回路、滞后效应。

学习了这5个结构模块的特性后，这里将以"润米咨询"的故事为例，示范如何用这些结构模块，搭建一个商业模型。

为什么要举这个案例？

告诉你一个有点儿暗黑的秘密：想要考察咨询公司或者商学老师说的是不是真的有用，就看他们用不用自己的理论和方法来经营自己。

2013年，我离开工作了近14年的微软，创立"润米咨询"。

我的第一个客户是自己。

用咨询的术语说，是要帮客户搭建有效的商业模型；用大白话说，是要让一名白手起家的创业者，能把事真正干成。

怎么搭建？我决定戴上商业洞察力眼镜，看看咨询这个行业。

核心存量

咨询行业有哪些核心存量是关键？

麦肯锡的朋友说：成功案例。成功案例，会带来更多成功案例。

波士顿咨询的朋友说：深刻的洞察。能治病，才是关键。

曹阳掰着指头数：咨询、培训、演讲、文章、写书，这5个核心变量相辅相成。

刘芹说：声誉。那一切都是为了积累声誉。

都有道理。

这也是人们在面临重大选择时经常碰到的问题：好多要素都会影响成败，哪个好像都重要，但是，到底哪个或者哪几个才是真正的核心？

所以，光知道要素本身是不够的，必须先找到它们之间的"关键因果链"。

关键因果链

对创业时的我而言，最关键的因果链，就是通向收入的因果链。

是哪些关键的"因"，导致了收入这个必然的"果"？

一圈访谈后，我从众多要素中提纯出了一个关键的"因"，那就是：声誉。

你可能会说，这有什么稀奇的，所有的公司声誉都很重要啊。

没错，但对其他类型的公司来说，声誉未必是第一"因"。

```
        信任 +
         ↑
       ┌─────┐
       │ 声誉 │        —
       └─────┘
  战略势能    交易成本
    +
```

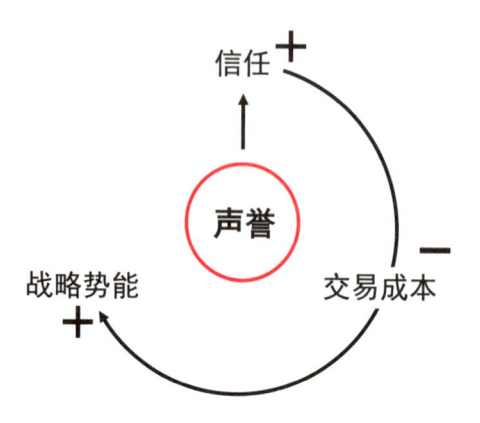

一说到开咨询公司，很多人总会说："这个业务好啊，没什么成本，不就是人吗？"

好像有道理啊，咨询公司不需要先行购置厂房、添置设备，也没有库存周转的压力，甚至也不需要高额的启动资金。但是，这些人忽略了一个常识，那就是咨询公司需要承担一笔巨大的成本：交易成本。

成功的咨询公司各有各的成功，失败的咨询公司只有一条：客户不相信你的能力。

因为不相信，所以交易成本就很高："说说看，你能做什么？""你比 X 好在哪里？比 Y 强在哪里？""还能再便宜一点儿吗？""你能来竞个标吗？""我们只能先付 30% 的钱，等看到效果我再付尾款吧。"

这些高昂的交易成本，都会导致一家咨询公司的成交速度极慢、客户战略决心不够，所以效果不好，咨询公司自己因此也收不到钱。

所以，声誉就是让客户相信的力量。只有用极好的声誉降低交易成本，润米咨询才可能建立战略势能，我才算把创业这事干成了。

找到"声誉—（＋）＞收入"的关键因果链后，我给自己定了一条铁律：绝不去客户现场做售前。

不管你是多大的企业家，只要你不愿到我的小办公室来聊，就说明我的"声誉"还没有强大到让你挪步。

只要不是用"声誉"这个第一"因"赢来的客户，再有钱，也不是我真正的客户。不够强大是我的错。我的内心独白是：请原谅我无法服务你，因为我要用这个时间，继续拼命提升自己。

这就是关键因果链给你的战略定力。找到了关键要素"声誉"以及"声誉—（＋）＞收入"的关键因果链之后，怎么启动这个系统呢？

增强回路

CEO的核心职责，是"求之于势，不责于人"。我的职责是不断增强"声誉"这个"势"。怎么做？建立"增强回路"。

首先，是什么在推动"声誉"这个核心存量的提升？

作品。我必须有好的作品，企业家发自内心认同的作品，比如醍醐灌顶的文章、透彻有见地的书籍，才能提升声誉。

然后，是什么在推动作品的出现？

学识。纸上谈兵只会被人耻笑。我必须参与真实商业，解决具体问题，身处商业前沿，才能有真才实学、真知灼见。

那么，是什么在推动学识的积累？

声誉。只有具备极好的声誉，才会有很多企业，允许你陪伴，让你获得大量真实体感。

"声誉—（＋）>学识—（＋）>作品—（＋）>声誉"，一条增强回路，浮出水面。

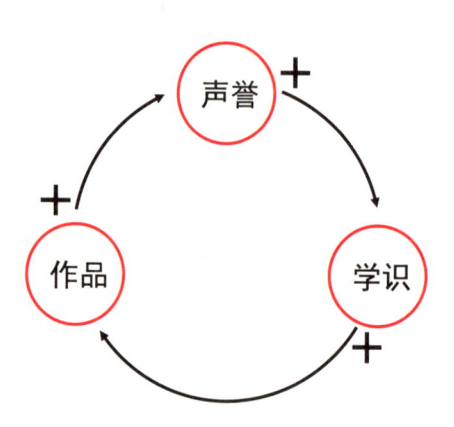

确定自己的"增强回路"后，我决定，只要不是推动"声誉、学识、作品"飞轮的事情，一律不做。

有一次，一位老领导给我打电话介绍客户。我特别感动，但是婉拒了。为什么？因为这位客户遇到的问题，是一个很常见的管理问题。大多数咨询公司都能做得很好，所以解决了也无助于提升我的声誉。这件事不在我的"增强回路"上。

有钱不赚，是艰难的决定。

华为说："不在非战略机会点上消耗战略性资源。"

这句话很容易说，但是，诸多机会之中什么是战略机会点？你的资源里面哪些是战略性资源？这不是靠意愿和感受就能做出判断的事。只有戴上洞察力眼镜，确定自己的"增强回路"，你才会知道真实答案。

所有你以为的"突然出现式"的成功，背后都有其环环相扣的"增强回路"。

调节回路

推动增强回路加速转动时，你也必须问自己：未来抑制增长的最低的那块天花板是什么？

我知道，是我有限的时间。单价再贵，我的时间也终有卖完的一天。

看到低垂的天花板，我反而很安心。因为我知道，什么终将到来。于是，我把团队、产品、资本都先放在一边。然后，低下头，继续推动我的飞轮。

滞后效应

昨天的努力，通常今天看不到回报。

为什么？因为滞后效应：原因常常不在结果附近。

通过仔细研究，我发现，从声誉，到学识，到作品，再到声誉，整个增强回路中，每一段因果链上，都严重滞后。

那怎么办？我选择饱和式创业。

什么叫饱和式创业？它不是没日没夜地埋头干活儿，斤斤计较于性价比、回报率，而是把战略资源前置投入，让结果提前地、确定地出现。

对我来说，就是为每一个"果"，设计三个"因"。然后，等待时间。

我决定，用公众号、微博以及后来的抖音这三个"因"，共同推动"声誉"这个飞轮；用商业咨询、企业家社群、企业家私董会这三个"因"，共同推动"学识"这个飞轮；用线下大课、《5分钟商学院》线上课程、图书出版这三个"因"，共同推动"作品"这个飞轮。

到此为止，我给自己搭建的商业模型，就基本完成了。然后，我开始推动飞轮。

2013年11月，我写下了一本叫作《传统企业，互联网在踢门》的书，轻轻推动"声誉飞轮"；海尔集团战略部因此来找我，签署咨询合同，推动"学识飞轮"；我把咨询洞察，写成《互联网＋：

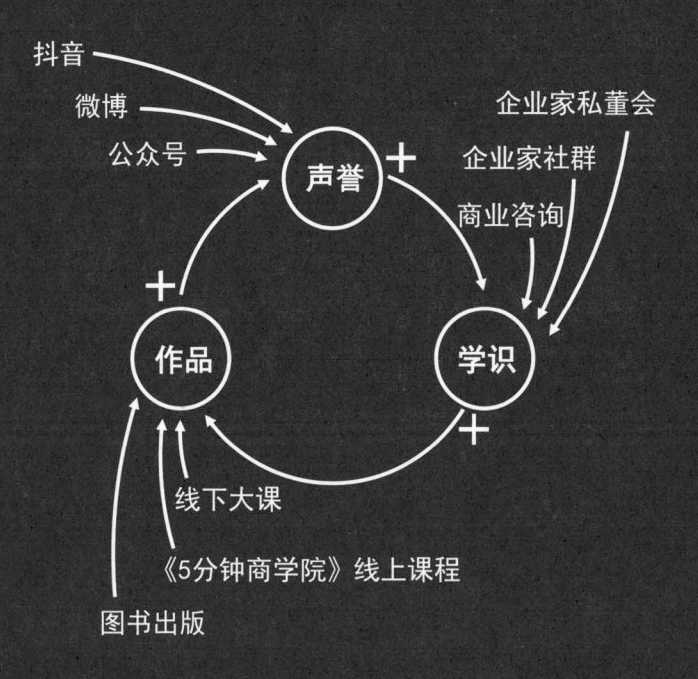

抖音
微博
公众号
企业家私董会
企业家社群
商业咨询

声誉 +

作品 +

学识 +

线下大课
《5分钟商学院》线上课程
图书出版

战略版》一书，推动"作品飞轮"；吴晓波老师来找我在转型大课上演讲，再次推动"声誉飞轮"；领教工坊来找我担任私董会领教，再次推动"学识飞轮"；罗振宇老师来找我做《5分钟商学院》，再次推动"作品飞轮"……

如此往复，越推越快。

这个增长回路里面，没有一个叫作"销售"的飞轮，也没有一个叫作"收入"或者"利润"的飞轮。因为，那些都是"果"，而不是"因"。

5年之后，润米咨询担任过海尔、恒基、中远、百度等企业的顾问，主理拥有34万学员的《5分钟商学院》，带领企业家私董会3年，带领企业家群体全球游学7个目的地，出版了18本书。

这一切，都开始于5年前搭建的那个商业模型。

结语　CONCLUSION

　　以上内容用润米咨询的案例，示范如何用5个系统的结构模块（变量、因果链、增强回路、调节回路、滞后效应），搭建成一个完整的商业模型。

　　5年创业，看似纷繁芜杂，但其实我只做了5件事。

　　①找到核心存量：声誉；

　　②找到关键因果链：声誉—（＋）＞收入；

　　③找到增强回路（声誉、学识、作品），推动增长的飞轮；

　　④找到调节回路（时间限制），打破增长的天花板；

　　⑤承认滞后效应，进行饱和式创业。

　　一切的复杂，都源于其固有的简单。你学会如何用简单搭建复杂了吗？

只要留在牌桌上，就有赢的机会

最近和一些创业者、企业家交流，我和他们说：赚钱的逻辑，变了。怎么变了？竞争越来越激烈，风险越来越高。输一次，可能就会彻底离场。只有口袋里永远保留子弹，手里永远握着选择权的人，才能活下来。而只有活得更久的人，才可能有更多的经验和方法，获得更多的收益。

我先来讲个故事。我，被爆仓了。有一次，我去一家民间金融机构做了一轮调研。他和我说：最近很多上市公司董事长，全国飞，到处见各种民间配资机构。

我问：为什么？

他说：求我们不要平仓。

什么意思？民间有很多草根：赵百万、钱千万、孙万万……他们炒股赚了点儿小钱，觉得自己找到了财富密码，于是开始加"杠杆"，用配资借钱炒股。

什么是配资？配资的本质，是民间借贷。我有1000万元，想借2000万元，用3000万元一起炒股，扩大收益。赚了钱，大家一起分。

但是,万一亏了呢?配资公司,有警戒线和平仓线,保证资金安全。如果股价跌破了警戒线,会要求你质押更多资产,保证总值安全;如果跌破了平仓线,会直接卖掉你的股票,收回成本,以求自保。

这些配资公司,用的是自己的钱,非常谨慎。他说,我们做足了所有措施。但是,万万没想到,股价下跌的速度,居然比我们平仓的速度还要快,迅速击穿了我的本金。我,被爆仓了。

爆仓的,不只是他。大量暗藏民间的配资公司,纷纷爆仓。其实,也不仅仅是这些公司,还有更多的个人,也被爆仓。我经常能听见和看见,一些人加了很高的杠杆:5倍、20倍、50倍,甚至100倍。

在市场好的时候,杠杆是赚钱的放大器。但是,当市场出现问题的时候,杠杆是风险的加速器。下跌20%、5%、2%,甚至1%的时候,就被爆仓出局了。但是,人们往往无视风险,反而继续加大杠杆,甚至卖车、卖房、借债,像个发疯的赌徒一样投入全部身家冲进市场。然后,血本无归,懊悔痛苦。最后,甚至轻生。

一个赌徒如果最终面临爆仓的风险,就意味着他会失去一切。那么之前无论赢过几次,赢了多少,都是无关紧要的。因为一次爆仓,可能就会令其再也站不起来。他们以为自己是在大道上捡黄金,实际上却是在压路机前捡硬币。

真实的世界到底是什么样子?

我和这些创业者和企业家说:刚刚这个故事,无时无刻不在发生。爆仓,是一个比喻。这意味着你被请出了牌桌,被清洗出了市场。爆仓不仅仅是发生在资本市场，也发生在你的企业里，甚至是发生在自己的人生里。

为什么我们会面临着爆仓的可能，面临着失去一切的风险？因为世界发生了巨大的变化，而绝大多数人还浑然不知。真实的世界，到底是什么样子？无法预测的不确定性，风险的可累积性，结果的赢家通吃性。什么意思？

无法预测的不确定性是什么意思呢？

世界越来越不按照我们的计划发展了。仔细想想：我们的职业选择，我们的创业方向，我们公司增长的目标，我们的生活、交友、婚姻，到底有多少是依据事先的计划发生的？在这些事情上，我们都无法摆脱随机性的影响，在真正的政治和经济大事面前，我们的判断更是充满了猜测和错误。

如果有人和我说：明年的今天，在距离我家 3000 公里外的某个海洋会有一场地震，接着引发的海啸会影响到周边一个国家，然后这个国家的经济会受影响，股票市场会有波动，你现在就可以开始做多或者做空，提前布局。

如果有人说这样的话，我会觉得他疯了。但是，这样的人数不胜数。他们热衷于评论今天的世界格局，明天的股票市场，后天的价格涨跌。然后，拿着钱埋头冲进市场。但他们根本不知道，自己是抱着火药冲进了炸药堆。

人们喜欢预测和总结，要找到一种逻辑上的关联和自我说服的解释。这会让我们得到一种掌控感。可是，世界往往不会真正让你掌控，它有自己的计划。一定记住：**我们的预测和总结，总是会很快过期的。**

风险的累积性，又是什么意思？因为生活的随机性超出我们的想象，所以累积的、不可预测的风险，也常常出乎我们的意料。比如：最后一粒沙子。我们坐在沙滩上，想用沙子盖一座城堡。我们不断捧起沙子，把城堡越堆越高，越堆越高，在某一刻你也许会觉得，城堡是这么壮观，自己是那么伟大。你甚至产生了一种幻觉：它会通往天堂。然后，你继续放沙子，直到某个时刻，城堡塌了。这最后一粒沙子，终于量变产生质变，发生了非线性的影响，压垮了你亲手盖起来的城堡。

你很惊讶。原来，真的会崩溃啊，以后一定要小心。但是，到底在什么时候，那引起崩溃的最后一粒沙子才出现？你真的知道吗？也许98%的人都不知道，最后竟然也慢慢忘记了风险的存在。还有1%的人，甚至说永远不会，城堡真的能通往天堂。只有1%的人，真正能意识到风险的累积，在某一个时刻会爆发。最后，当风险爆发时，99%的人，都被埋在了沙子底下。

结果的赢家通吃性，是什么意思？**风险是非线性的，收益也是不对称的。赢的人，会拿走很多很多，甚至所有。**比如：音乐行业。100年前，当你想要听音乐时，你要走进现场。为你表演的，是成千上万的音乐家。这些音乐家的水平有差别，收入也不同，但不会差太多。因为他们都走进了剧场，都有自己的听众。但是，由于录音技术和互联网的发展，今天你可以听到最优秀的演奏，也可以欣赏到最好的表演，却不用离开家门半步。所有流量和资源，都集中到了头部，他们几乎拿走了所有。然后，歌剧院就关门了。不仅是音乐行业，许许多多的行业都是如此。只有那么一两个人，能够爬到金字塔的塔尖。

2010年，全球最有钱的388人，他们拥有的财富，相当于全球一半贫穷人口拥有的财富总和。2014年，这个数字是85人。2015年，62人。2017年，只有8个人。也就是说，一辆商务车，就能装下全球一半贫穷人口的财富。

他们赢的时候，拿走很多。即使输了，也有更高的抗风险能力。而其他的人不是这样。也许一次失业、一场疾病，就能把他们击倒，让他们的人生"爆仓"，他们极其脆弱。人们给这种赢家通吃性，起了无数的名字：宗教学家叫它"马太效应"；社会学家叫它"阶层固化"；金融学家叫它"复利效应"；互联网公司叫它"指数级增长"。但这些名字背后，说的都是同一件事情。

所以，真实世界的样子，至少有三个特性：无法预测的不确定性、风险的累积性、结果的赢家通吃性。

人们往往无比渴望结果的赢家通吃性，知道但不深刻理解无法预测的不确定性，几乎完全忘记和忽略了风险的累积性。赚钱的逻辑，变了。生活是个无限游戏。要先想办法留在牌桌上，一直玩下去。在活下去的基础上，积极地试错和创新。这是生存的逻辑，也是赚钱的逻辑。

怎么办？以下是几条具体的建议。

冗余，意味着选择权

冗余，是健壮的成本。为什么人有两个肾，为什么同一个岗位要有板凳队员，为什么数据要做备份？为了保险。万一发生风险，还能活下来。所以，要保持冗余。最常见的冗余，是钱。给自己至少留3个月维持生活开支的钱。如果可以，留6个月。再保险一点儿，18个月。这可以让你不必过分担心生存问题，不必过分忧虑新业务的发展，不必过分依赖某个人的评价和打分。

冗余，意味着选择权。然后，你可以在这个基础上，激进地试错和创新。这些尝试，应该足够大胆、疯狂。因为一旦成功了，你会赚到丰厚的收益。如果失败了，没关系，你有冗余，你还能再来一次。

两个肾　板凳球员　数据备份　现金

活下来

学习逻辑和概率

如果你知道自己会死在什么地方，那么一辈子都别去那里。成功的人各有各的路径，但是失败的人死法都大致相同。那些坑里尽是前人的脚印，别再踩了。我的工作，很多时候是给别人泼冷水。也许我的建议不会让人突然暴富，但是可以防止人突然暴毙。除了疯狂的油门，还要有理性的刹车。然后，不断学习。

学习什么？学习基本的概率和逻辑。这能让你活得更久一点儿。假设有一群人在玩俄罗斯轮盘赌，枪里只有一发子弹，活下来的人，每次获胜的奖金，是 100 万。现在，有人告诉你，每 6 个人中有 5 个人可以获胜。那么，也许你会计算，参与游戏的人有 83.33% 的机会获得奖金，因为每次平均收益是 83.33 万。（5/6 ≈ 83.33%）

这个时候，傻子和聪明人，会做出完全不同的选择。傻子会认为：83.33%！不得了的预期！应该一直玩下去！我可以赢很多很多钱！聪明人会认为：哪怕胜率是 99%，我都不应该参与。最后的结果当然是，傻子一直玩下去，直到躺在了地上。

选择适合自己的市场

必须承认，每个人的天赋、野心、勤奋程度不同。根据自己的情况，选择合适的市场，会让自己活得更好一点儿。**这个世界**

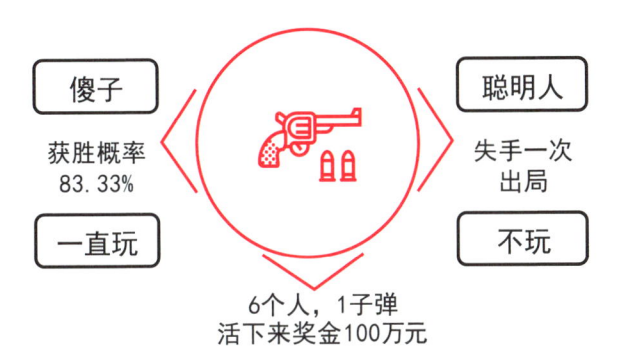

傻子		聪明人
获胜概率 83.33%		失手一次出局
一直玩		不玩

6个人，1子弹
活下来奖金100万元

上，存在着两个市场：**分散市场和头部市场**。前面说的音乐行业，属于头部市场。只有最优秀的几个人，才能够爬到金字塔的塔尖。但是绘画行业，属于分散市场。绘画，不是金字塔，而是梯形台。你的画可以卖 5 万元一平方尺，也可以卖 50 万元一平方尺。每一层都能养活一批画家。

分散市场的特点是什么？做得好可以很优秀，但是不可能占据很大的市场份额。比如画画，比如餐饮。中国最大的餐饮企业，是百胜中国，2018 年大概是 400 多亿人民币，也才占整个市场的 1%。进入这个市场，努力 10 分，就能赚到 10 分的钱；努力 80 分，就能赚到 80 分的钱。

头部市场的特点是什么？容易垄断，赢家通吃。比如音乐，比如互联网。进入这个市场，10 分的努力是没用的，80 分的努力也是没用的，至少要 90 分。但是真正优秀的，都是 98 分；极致的，99 分。

然而，99 分和 98 分的差距，依然是巨大的。它们之间的收益，可能相差 100 倍。选择适合自己的市场，赚真正你想赚的且属于你的钱。

结语 — CONCLUSION

永远不要忘记这个世界真实的样子：无法预测的不确定性，风险的累积性，结果的赢家通吃性。

要先保证自己永远留在牌桌上，然后再采取对应的策略：保持冗余，激进冲锋；研究失败，不断学习；选择适合自己的市场。这样，才可以活得更好一点儿，更久一点儿。

胜利，属于那些活得久的人。

生存的逻辑，变了。

赚钱的逻辑，变了。

商业模式的本质，
是利益相关者的交易结构

这个世界上有很多公司，是靠商业模式赚钱的。比如 Uber、滴滴，几乎不拥有出租车，却是市场上最大的出租车公司；比如 Airbnb，几乎不拥有任何一家酒店，却是全球最大的酒店出租方，比任何一家酒店连锁集团都大；再比如阿里巴巴，淘宝上卖的大部分商品都不属于阿里巴巴，但是不妨碍阿里巴巴成为全国最大的电商平台。

这些公司连产品都没有，就靠纯粹的商业模式赚钱。这就是商业模式的力量。那么，到底什么是商业模式？理论界对这个话题做了很多研究，分了各种各样的门派，我把它总结为 2、3、4、6、9 几个模型。下面和大家聊聊到底什么是商业模式。

2 要素模型

什么叫 2 要素模型？

商业模式最基本的表述，就是我们一定要发明一种交易结构，这种交易结构首先一定是让顾客获得价值，其次企业也要获得价值。这样，这个商业模式就成立了。这是最朴素、最简单的商业模式。

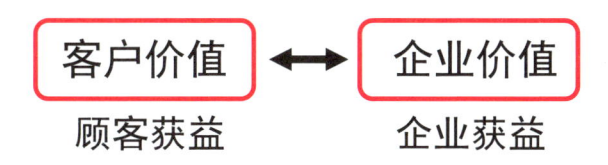

客户价值 ↔ 企业价值
顾客获益　　企业获益

3 要素模型

什么是 3 要素模型？

3 要素模型的意思是，任何一个商业模式都要研究至少 3 个问题。

第一个问题，你为什么人提供什么价值？

可能有人会认为这个问题有点儿虚，认为他为客户做的一切都是有价值的。或者有的以客户为中心的企业会说，客户需要的就是我们提供的，我们要为客户提供一切他需要的价值。

其实，这些都不是你确定给客户提供的价值。那什么才是呢？

比如，你开了个瑜伽馆，你给客户提供练习瑜伽的服务，这是你提供的价值。

第二个问题，凭什么是你？

你的瑜伽馆生意还不错。可为什么是你开得不错呢，别人不行吗？

是因为你恰好找到了一个很多人想练瑜伽、潜在客户特别多的地方吗？还是因为你的瑜伽教练非常专业？又或者是因为你有独特高效的运营方法？总之，你一定有一种独特的资源能力，才能把你的瑜伽馆开得还不错。这个能力，只有你自己能回答。

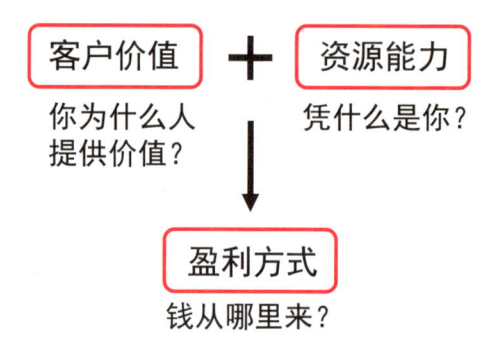

```
客户价值  +  资源能力
你为什么人    凭什么是你？
提供价值？
        ↓
     盈利方式
    钱从哪里来？
```

第三个问题，你的钱是从哪里来的？或者说，你的利润从哪里来？

如果前面两个问题回答好，这个反而最好回答。因为你独特的能力，喜欢瑜伽的人爱来你这里练习，自然会付钱给你，水到渠成。

所以，要想赚钱，你必须回答前面两个问题，然后才有机会回答这第三个问题。很多人默认商业模式就是盈利模式。但是看到这个模型之后，你要明白，盈利模式只是商业模式的一部分。最重要的反而是前面两个问题。这就是3要素模型。

4要素模型

什么是4要素模型？这是日本早稻田大学商务学院客座教授三谷宏治在他的著作《商业模式全史》中提出的一个模型。

4要素模型和3要素模型没有特别大的区别。它的4要素分别是什么呢？是回答4个问题。

你的客户是谁？

你给客户提供什么价值？

你是怎么盈利的？

你的核心竞争力是什么？

对应的4个要素就是，顾客、价值提供、盈利方式、战略/资源。

和3要素模型基本一样，只是把3要素模型里的客户价值（你为什么人提供什么价值）分别拆成客户（顾客）和价值（价值提供）。但是4要素模型真正的价值，不是把3要素模型拆成了4要素模型，而是提出了一个"总价值创造"的概念。

什么叫总价值创造？就是你不应该只关注你的客户，还应该关注你的供应商、渠道、门店，你必须让所有的这些利益相关者，

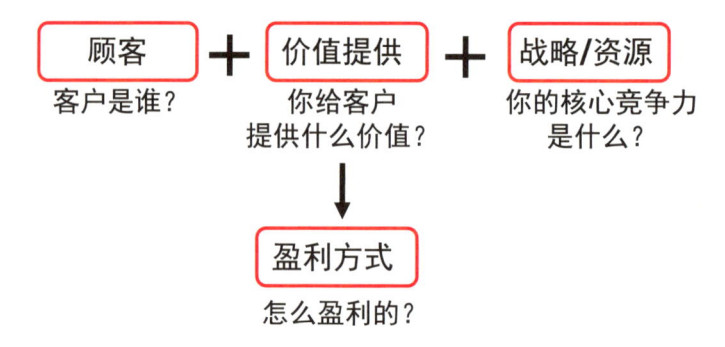

顾客	+	价值提供	+	战略/资源
客户是谁？		你给客户提供什么价值？		你的核心竞争力是什么？

↓

盈利方式

怎么盈利的？

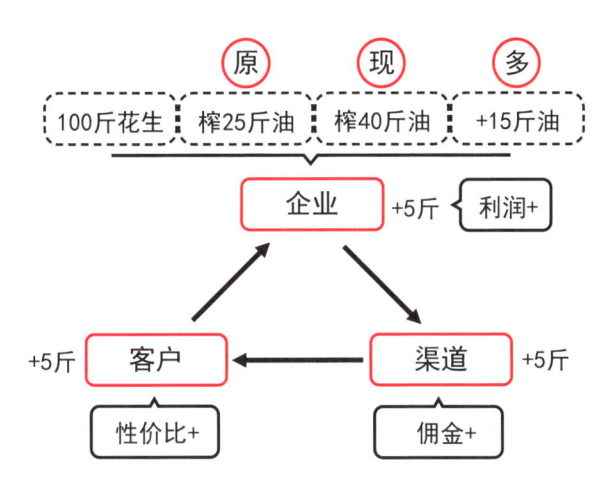

```
        原        现        多
 ┌─────┬───────┬───────┬───────┐
 │100斤花生│榨25斤油│榨40斤油│+15斤油│
 └─────┴───────┴───────┴───────┘
            │
          [企业] +5斤 ← 利润+
          ↙    ↘
  +5斤 [客户] ← [渠道] +5斤
        │          │
      性价比+     佣金+
```

361

加在一起都能获得价值，才能叫总价值创造。举个例子。过去，100斤花生能榨25斤油。你说，我厉害了，我改进了压榨工艺，在品质不变的前提下，我能榨出40斤油。别人的25斤和你的40斤之间，那15斤多出来的油，是你多创造出来的价值。

那如何让合作伙伴、消费者也获得价值？你可以把这多出来的15斤油，拿出5斤分给消费者。换句话说，用户用同样的价格，可以买到30（25＋5）斤油了。他们会非常高兴地从竞争对手那里，投奔你的怀抱。然后，你把另外5斤分给合作伙伴，合作伙伴也非常高兴，这样就有更多人愿意帮你卖油了。还有5斤呢？留给自己。这是你应得的部分。

有些人说，这不是总价值创造啊，这是把我创造的价值（15斤油）分给了消费者（5斤）和合作伙伴（5斤）而已。其实不是。因为更多的消费者来找你买油，合作伙伴销售得就越多，你赚得也就越多。这时，如果你原来每年卖3吨油，现在就有可能卖30吨、300吨。

这种商业模式才做到了总价值创造，或者你也可以说这叫全局性增量。

这就是4要素模型。

6要素模型

6要素模型是魏炜教授提出来的。他认为，商业模式就是利

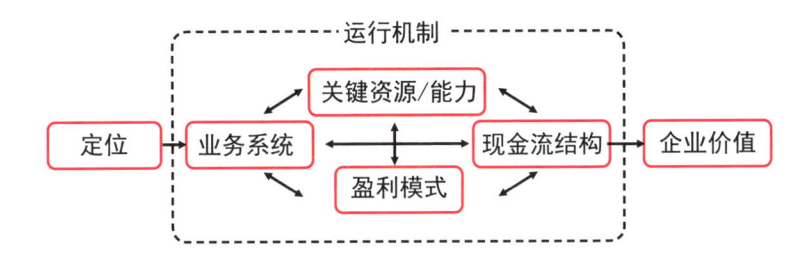

```
           ┌──────────── 运行机制 ────────────┐
           │         关键资源/能力            │
           │            ↑↓                   │
 ┌──────┐  │ ┌────────┐ ↔ ┌──────────┐      │  ┌────────┐
 │ 定位 │→ │ │业务系统│   │现金流结构│      │ →│企业价值│
 └──────┘  │ └────────┘   └──────────┘      │  └────────┘
           │            ↑↓                   │
           │          盈利模式                │
           └─────────────────────────────────┘
```

益相关者的交易结构。

6要素模型第一要素是定位。什么是定位？你为什么客户提供什么价值，这就是定位。有了定位之后，你就必须搭建一个业务系统去做这个事。在搭建系统过程中利用你的关键资源、你的核心竞争力，然后梳理出你的现金流结构，完成你的盈利模式，最终实现企业价值。

这就是魏炜教授提出的6要素模型。

9要素模型

什么是9要素模型？9要素模型是亚历山大·奥斯特瓦德、伊夫·皮尼厄在他们的书《商业模式新生代》中提出的模型。

简单来说，就是回答9个问题。

第一，你的客户是谁？是如何细分的？（客户细分）

第二，你和客户关系是怎么样的？（客户关系）

第三，你通过什么渠道能找到这些客户？（渠道）

第四，你为这些客户提供什么价值？（价值主张）

第五，你通过什么关键业务给客户提供价值？（关键业务）

第六，你的核心资源是什么？专利？人才？土地？（核心资源）

第七，你的合作伙伴都有谁？（合作伙伴）

第八，你的收入来源是什么？（收入来源）

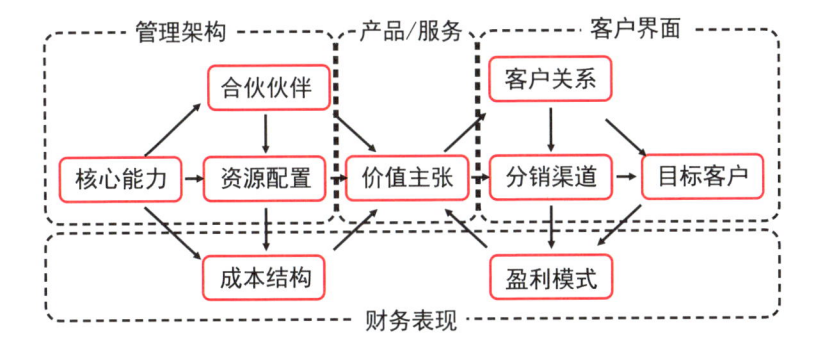

```
┌─── 管理架构 ───┐ ┌ 产品/服务 ┐ ┌─── 客户界面 ───┐
│      合伙伙伴      │     │    客户关系    │
│   ↗      ↓       │     │      ↓         │
│ 核心能力 → 资源配置 → 价值主张 → 分销渠道 → 目标客户 │
│            ↓      │     │      ↓         │
└──────────┬───────┴─────┴──────┬─────────┘
       成本结构              盈利模式
└──────────────── 财务表现 ────────────────┘
```

第九，你的成本结构是什么？（成本结构）

前4个问题，其实就是3要素模型里的客户价值；第五、第六、第七这3个问题其实就是3要素模型里的资源能力；而最后2个问题，就是3要素模型里的盈利方式。

这就是9要素模型。

结语　CONCLUSION

以上就是商业模式里的2、3、4、6、9要素模型。虽然要素从2个变成3个，变成4个，变成6个，最后变成9个。看起来越来越复杂，但其实只是越来越精细。

回到最开始的问题，到底什么是商业模式？其实，所谓的商业模式，就是利益相关者的交易结构。作为企业家，如果对照你的企业，你也想做商业模式创新。那么我建议你，你的商业模式一定要做到总价值创造，创造全局性增量。一切的商业模式，都必须有全局性增量。如果没有，那所谓的商业模式，就是把你口袋里的钱换到我的口袋。

最后，我特别建议你问自己2个问题：我为什么人提供什么价值？凭什么是我？

回答完这2个问题，我期待那第3个问题"你的钱从哪里来"的答案，会非常自然——水到渠成。

商业模式创新，就是交易结构的创新

为什么淘宝上卖的大部分商品都不属于阿里，但是阿里却可以成为全国最大的电商平台？为什么Uber、滴滴几乎不拥有出租车，却是市场上最大的出租车公司？为什么Airbnb几乎不拥有任何一家酒店和房间，却做得比任何一家酒店连锁集团都大？因为，它们靠纯粹的商业模式创新，获得了成功。

商业模式的创新，就是用更高的效率，降维打击一家企业，甚至行业。就是端着机关枪，冲进一个别人耍大刀的战场。不论你是做几万元的买卖，还是几十亿元的生意，都需要商业模式。那么，什么是商业模式？如何设计一个有效的商业模式？

想设计一个有效的商业模式，首先必须清晰理解什么是商业模式。商业模式，有"商业"，也有"模式"。

那么，什么是商业？**商业的本质，是交易**。你是种玉米的，你生产的产品再好，种的玉米再好吃，如果不和别人交易，都不会有商业。只有当你拿着自己的玉米，去跟另外一个人换他养的羊，这个时候才会形成商业。因为一旦交易，就会有一个问题，我用多少玉米，才能换你一只羊？这就是商业中的定价问题。再往后，换了我玉米的人吃饱了，又去养了更多的羊，牵着羊又去换了茶叶、棉花、玉石。环环相扣，形成更多交易。这个时候，商业才会形成。

所以，商业的本质是交易。拿我的东西，换你的东西。而交易的本质，是价值交换。对你有用，对我也有用。

那么，什么是模式？**模式的本质，是结构。商业模式，就是利益相关者的交易结构。**

你种玉米，他养羊。你想换他的羊，但是他今天不想吃玉米，想吃牛肉，怎么办？你找到养牛的人，先用玉米换了一头牛，再和他换了一只羊。这时，你就拉入了一个利益相关者（养牛的人），用新的交易结构（2个人→3个人），实现了这笔本来不可能的交易，让每个人得到自己想要的东西。

所以，利益相关者，可能是你的股东、客户、员工、供应商，甚至是帮你送货的物流。所有和生意相关联的人，都是利益相关者。

改变他们之间的交易结构，创造效率空间，就是你唯一要思考的事情，这就是商业模式的创新。因此，判断一个商业模式是不是"好"，是不是"有效"，最重要的方法就是：在新的交易结构里，是不是每个人都比之前赚到了更多的钱。

很有道理。但还不是特别明白，对吗？

别急。我给你举个例子。如果你有一家航空公司，想为客户提供更好的服务，自己还能多赚钱，怎么办？怎么拉入更多利益相关者,设计一个更好的交易结构?

你可以停在这里,思考1分钟。

四川航空,就做了一件特别有意思的事情,创新了商业模式。它是怎么做的?

首先,它为所有买5折以上机票的客户,提供"免费专车"的增值服务。下飞机之后,用专车把你从机场送到市中心。这时,很多客户会想,我本来买的是3折、4折的机票,但是如果自己打车去市中心,还要花130元,还是有点儿贵的。那不如我就换成5折的机票吧,反正多付的钱,可能只有50元,没有到130元,还是划算的。

注意:这时,**客户**多赚了钱(买5折机票,多花了50元,但得到更划算的专车服务,相当于赚了80元)。航空公司也多赚了钱(客户从4折机票,换成了5折机票,赚到了50元差价)。

但是,有人会说,派专车也要成本啊,航空公司真的能赚钱吗?所以,就需要拉入新的利益相关者。然后,四川航空就把这笔差价中的一部分,比如50元中的30元,付给一家旅行社。四川航空就从每个客户身上,多赚了20元。(50 − 30 = 20)

旅行社怎么办?旅行社又找到一些司机。你来帮我送,一个客户给你25元。旅行社就从每个客户身上,多赚5元。(30 − 25 = 5)

司机怎么办?司机开一辆7人座的商务车,把客户送到市中心。每个人25元,6个人,就是25 × 6 = 150元。司机平常在机场等大半天，才拉一个人走，而且才130元。现在150元，还不用趴活儿了。挺好。司机也多赚钱了，每一次都多赚了20元。(150－130＝20）但是，为什么这些单子，就是给这个司机，而不是给其他人呢？

于是，旅行社又提出一个要求：想接这个轻松的活儿可以，但是必须从旅行社这里买一辆车。这辆车，要花17.8万元。司机想了想，这辆车，在市场上原价14.8万元。也就是说，要不要多花3万元，来获得这份稳定的生意？本质上，就是多花3万元，从"零售"进入"批发"，买下从机场到市中心的专营权。也就是说，17.8万元＝一辆新车＋每天旅行社大量稳定的订单。算算账，可能一两年就收回成本了，还是值得的。所以，很多司机加入了这个交易结构。

这就结束了吗？还没有。你有没有想过，旅行社的车，又是从哪里来的呢？所以，还需要再拉入一个利益相关者——车行。旅行社自己去车行买，每辆车要花多少钱呢？9万元。啊？只要9万元？为什么？为什么车行愿意把一辆原价14.8万元的车，用9万元卖给旅行社呢？车行不就亏了吗？

因为旅行社说，你看，你收9万元把车卖给我，然后我在车上贴上你的广告。这就相当于，司机在为自己赚钱的同时，还在为你宣传，帮你赚钱。每天接送的客户那么多人，他们的注意力很值钱，他们的购买力更值钱，都是你的潜在客户。

你用5.8万元，投了一笔广告，你觉得划算不划算？车行一想，

371

5.8万元，我多卖一两辆车，就都赚回来了，是划算的买卖。于是，车行也加入了这个交易结构。现在，一个完整的商业模式，就被设计出来了。在这个新的商业模式里，客户多赚钱，航空公司多赚钱，司机多赚钱，旅行社多赚钱，车行也多赚钱。所有人都多赚了钱。

很多人都非常诧异，这真的可以吗？每个人都赚了钱，那这些钱从哪里来的？你看出来了吗？最终，一定是车行多卖了一些车。在原来的商业模式里，客户本来不会买车，或者去其他地方买车。现在，都在这个车行买车了。通过新的商业模式，提高了效率，创造了新的增量。大家一起把这个增量分掉了。所以说，商业模式的创新，就是改变利益相关者的交易结构，提高效率，创造新的全局性增量。

现在，让我们来回答这个问题：如何设计一个有效的商业模式？

你可以这么做：

第一，先把自己和客户摆在交易结构里面。

因为客户是终端，是最终给你付钱的人。**先找到你的客户，找对你的客户。** 多说一句，有些行业，对于客户的理解是有问题的。比如某些做 B 端生意的人，经常会把代理商当成客户。这是不对的。代理商只是其中一个环节。消费者最终买产品，最终付钱，消费者才是客户。比如，教育机构。很多教育机构，以为客户是孩子。其实不是。孩子只是用户，是使用产品的人。家长才是客户，才是最终付钱的人。比如，宠物行业。宠物是用户，是使用产品和体验的。宠物的主人才是客户，是最终付钱的人。

先找到客户，看看客户有什么需求。把自己和最终付钱的客户，先摆进来。

第二，拉入更多的利益相关者。

为了满足客户的需求，光靠你自己可能不够。股东、员工、供应商、物流、广告……这些都是利益相关者。把更多的利益相关者拉进来，摆进这个交易结构里。

第三，思考这些利益相关者都要什么，把他们连起来。

这时，你就远远地看着，观察，思考。这些利益相关者的需求，到底是什么。他们想要什么？还记得吗？**商业的本质，是交易。交易的本质，是利益交换。**彼此之间，能够交换什么利益和价值？哪个环节的效率，可以提升一些？然后，把他们连起来，形成新的价值网络。

现在，我们回到最开始的提问：为什么淘宝、Uber、滴滴、Airbnb，可以通过商业模式的创新，做得那么大，那么成功？

因为他们设计了新的交易结构，提升了效率。原来买家和卖家找到彼此的成本太高了，也很难互相信任。在他们的平台上，

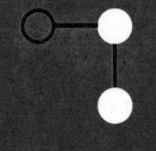

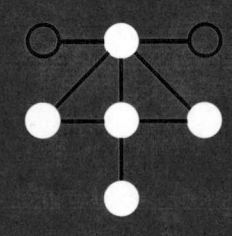

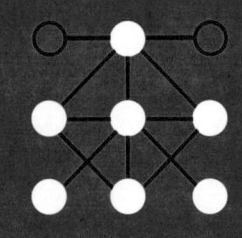

自己和客户　　拉入更多　　　思考并满足需求
纳入交易结构　利益相关者　　高效连接

买家和卖家都能更快更好地交易。然后,他们作为平台,收取交易费、广告费等其他费用。所以,即使他们几乎不拥有产品,也可以靠纯粹的商业模式创新,获得成功。

这就是商业模式的威力。

结语 — CONCLUSION

所以，如何设计一个有效的商业模式？商业模式，就是利益相关者的交易结构。有效的商业模式，就是创造了新的全局性增量，让每个人都拿到了更多的利益。

很多时候，你看到一家公司的成功，远看是营销，近看是产品，用放大镜看是商业模式。

商业模式的创新，从来都是降维打击。

当你设计出一个新的交易结构，你也许会惊讶地发现，整个世界都变了。

我们各自努力，最高处见。

处理信息方式的不同，
决定了赚钱方式的不同

商人（或者说中间商），经常被很多人误解为投机者，巧取豪夺。觉得他们不生产商品，不创造价值，只是从生产者手上买来，卖给消费者。但其实，商人就像我们血液里的红细胞，把商品运送到商业世界毛细血管的最深处，连接了"买"和"卖"两种生意。

在连接交易过程中，每个商人处理信息方式的不同，决定了他们赚钱方式的不同。精明的商人总是在靠信息不对称赚钱，而伟大的商人是靠消灭信息不对称赚钱。

精明的商人通过信息不对称赚钱

为什么说这个话题？之前的一场直播中，我提到"随着科技的发展，商业的进步，在未来，从事中间商的人会越来越少"，有同学就问，为什么中间商会越来越少？如果未来没有中间商，就业人口怎么解决？这也是我经常会被问到的问题。要想回答这个问题，得先了解，为什么会有中间商，没有中间商靠谱吗。

提到中间商，可能很多人第一反应是铺天盖地"没有中间商赚差价"的广告。给人的感觉是，如果没有中间商赚差价，我们买到的商品价格就会更便宜。在得到上的《薛兆丰的经济学课》中也提到，1块钱的最终商品里，中间商可能占了90%。

比如，你在超市里花1元、2元买的一瓶水，实际上出厂价只有1毛钱；你花1元钱买的1斤青菜，农民伯伯可能只卖1毛钱1斤。这样看，中间商还真赚了我们不少钱。可是，如果我们不让中间商赚钱可行吗，商品价格真的就会便宜吗？不一定。

为什么？你想想，每天你结束忙碌一天的工作，就能够在超市买到筛选过、分类过、质量放心的青菜，这不挺好的吗？虽然比直接在农民伯伯那里买要贵很多，但如果你开车去田间地头直接买付

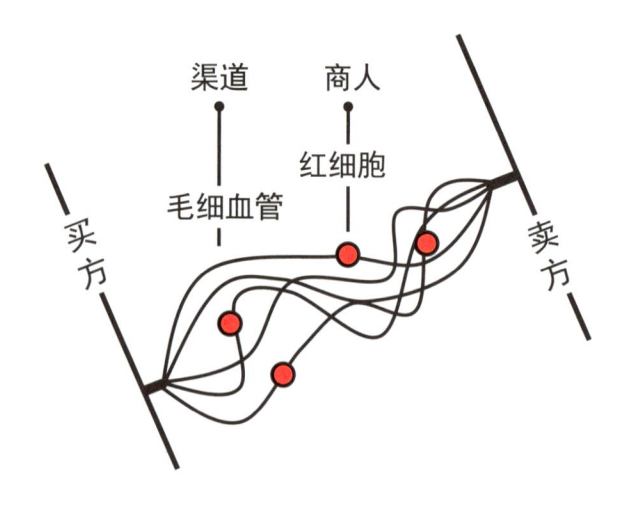

出的成本，和农民伯伯付出的成本相比，只会更高。所以，经济学告诉我们，这90%，已经是中间商所赚取的最低比例了。

没有中间商，你花的钱只会更多。所以，每个中间商，就像我们血液里的红细胞，把商品运送到商业世界毛细血管的最深处，连接了交易。

伟大的商人通过消灭信息不对称赚钱

这样看，商业世界没有商人、没有中间商还真不行，他们连接了交易，连接了生产者和消费者。交易是物流、资金流、信息流完成的一个过程。

这时，作为商人，他对待信息的态度，就决定了他的赚钱方式，决定了他是精明的商人还是伟大的商人。**精明的商人会把信息不对称当作好朋友，想办法通过保持或者放大信息不对称，去赚钱。而伟大的商人，则会把信息不对称当敌人，想办法通过消灭信息不对称来赚钱。**

要想理解这个，我们就要先了解什么是信息不对称。信息不对称，说白了，就是我知道一些你不知道的事情。比如，在过去，我们买衣服要讨价还价的。你试了件衣服，很喜欢，问店员多少钱。她说880元，你说55元。她说，您别开玩笑，交个朋友，600元您穿走。你说，您别闹，最多80元，你看行不行。

……

这样如此反复多轮,你可能最终花280元买走了这件你喜欢的衣服。

280元,你觉得划算吗?其实,你也没底。为什么?因为这件衣服是店家从渠道那儿进的货,店员她肯定知道底价。但是她不会告诉你,你们讨价还价之间,你在试探她的底价,她也在试探你能给出的最高价。

站在这家服装店的角度,她在赚什么钱?她赚的就是信息不对称的钱。

那你不断和店家讨价还价,甚至还货比三家来确定店家的底价,这本质上是在做什么?是在用"信息博弈"的方式,克服信息不对称。

现在如果你看上一件衣服,如果你不着急,很有可能去多个电商平台看看价格。如果这些电商平台上的同样的商品更便宜,你是不是就在网上买了?这些电商平台本质上也是帮助你消灭信息不对称。

这种消灭信息不对称的方式和你自己通过讨价还价、货比三家相比,哪种效率更高?

当然是前者。而且随着效率的提高,整个商业世界里的中间商也比以前少了很多。我们假设你讨价还价、货比三家阶段整个商业世界有100个中间商,那么到了电商平台这个阶段,整个商业世界可能就有60个中间商靠信息不对称赚钱了。

那未来呢?随着大数据、5G、万物互联、区块链等技术的推

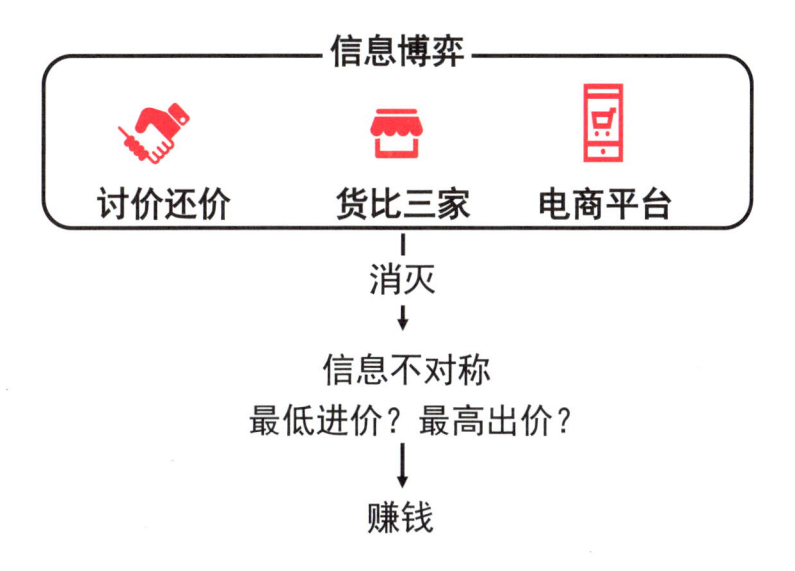

```
┌────────── 信息博弈 ──────────┐
│   讨价还价    货比三家    电商平台   │
└──────────────────────────┘
          │
         消灭
          ↓
      信息不对称
   最低进价？最高出价？
          ↓
         赚钱
```

进，连接效率将会大幅提升，信息将越来越透明。信息越透明、连接效率越高，想靠信息不对称赚钱就越难。反而那些顺应大势，懂得利用这些新技术，去降低信息不对称的商人，会得到市场奖励，赚到钱。

这时，从事中间商的人就会越来越少。

消灭信息不对称，让更多人去做创造价值的事

确实，消灭信息不对称，会让很多靠信息不对称赚钱的中间商赚不到钱了。从事中间商的人就会越来越少，那他们的就业问题怎么解决？要回答这个问题，我们可以换个角度来想，我们不说未来中间商越来越少，我们回顾一下以前。

商业的发展，就是信息越来越透明、越来越对称的过程。

以零售业的沃尔玛为例。沃尔玛崛起，就是依托高速公路，在一座座城市的郊区开设巨大的购物中心，抢夺了市中心那些超市的生意。那么，那些以前在这些超市工作的人怎么办的呢？

沃尔玛的建立，带来了吊车工人等岗位，也让原来那些从事中间商，做传递价值的人不得不去做创造价值的事，去生产更丰富、更多的商品，提高了整个社会的财富总量。所以，在未来，也是一样。随着科技发展、商业进步，确实靠信息不对称赚钱的中间商会越来越少。但与此同时，新技术、新科技也一定会带来很多新的岗位，或者也可以说，让人们不得不去做创造价值的事。

结语

有人对中间商有敌意，认为他们自己不劳动，巧取豪夺。其实，如果没有中间商，我们可能无法触达和购买到商品，我们可能遇不到自己喜爱的衣服，下班回家买不到新鲜的青菜。所以，中间商、商人在商业世界中很有必要存在。但同时随着科技的发展，有些商人可以通过消灭信息不对称赚钱，这就势必会让一些靠信息不对称赚钱的人没有生意可做。他们就被赶到了"不得不去创造价值"的领域。这时，我们要怎么做？我建议你，成为伟大的商人，努力消灭信息不对称去赚钱。对我们这个世界来说，这样还能把原来靠传递价值赚钱的人重新赶回到创造价值的领域，就可以让我们这个世界的财富越来越多，越来越好。

"十大战略"模型

我是一名商业顾问,润米咨询是一家战略咨询公司。所以,我常被问:到底什么是战略?

战略,是个很重要却很难理解的话题。

讲浅了,说不明白;讲深了,听不明白。

怎么办?

想了想,不如换种方式,请战略"本人",介绍他自己。

开场白

某天,战略作为神秘嘉宾,参加了一个以战略为主题的论坛。

当台下观众正在热议着各种战略时,主持人突然宣布,本场重量级的嘉宾——战略本人即将登场。

话音未落,会场欢呼雀跃,众人起立,热烈鼓掌,欢迎战略的到场。

在众人期待和激动的目光中,战略开始他的演讲。

很感谢大家对我的关注,我也知道自己让人又爱又恨。

商业世界的有些概念，每个人都在提及，但要么找不到定义，要么能找到几千个定义。比如"领导力"，比如"企业文化"，比如"战略"……

关于我也有很多说法：
战略，不是选择做什么，而是选择不做什么。
战略，是目标与能力的匹配。
不要用战术的勤奋，掩盖战略的懒惰。

我似乎有很多不同的样子：蓝海战略、平台战略、差异化战略、爆品战略……

人们对我最大的感慨是："天哪！太复杂了！"

我也经常被问到，在思想药店的市场里，到底应该买哪一种战略服用？

难道就没有可以选择战略的方法论吗？难道就没有"选择战略的战略"吗？

当然有。

很多人为了找到我，让我能帮助企业更好地经营，吵得不可开交。

他们对我有独到的见解，甚至还专门为我分成了十大学派：设计学派、计划学派、定位学派、企业家学派、认知学派、学习学派、权力学派、文化学派、环境学派、结构学派。

下面将为你介绍这十大学派。相信你听完后，可以变成自己企业的医生，能更好地找到我，对症下药。

设计学派

设计学派对我的看法很有意思。他们认为，战略是一个孕育的过程，我就像小鸡一样，慢慢被孵化出来。

这个学派的代表人物，可是一名战略大师——艾尔弗雷德·D.钱德勒。

钱德勒说过一句著名的话：战略决定组织，组织紧随战略。

也就是先定战略，后搭班子。先决定如何做，然后组织跟上去。

人们为了能找到我，开发了非常非常多的工具，大家可能非常熟悉。

比如SWOT分析。分析内部的强项和弱项，分析外部的机会和威胁，发现优势与劣势，找到战略。

比如PEST分析。分析政治、经济、社会、技术环境，找到位置和打法。

为了确定自己是不是真的找到我，他们经常会问两个问题：

第一个问题：能不能用少于35个字，来描述公司的战略？

比如——

铁路公司：我们是一家运输公司。

炼油厂：我们是一家能源企业。

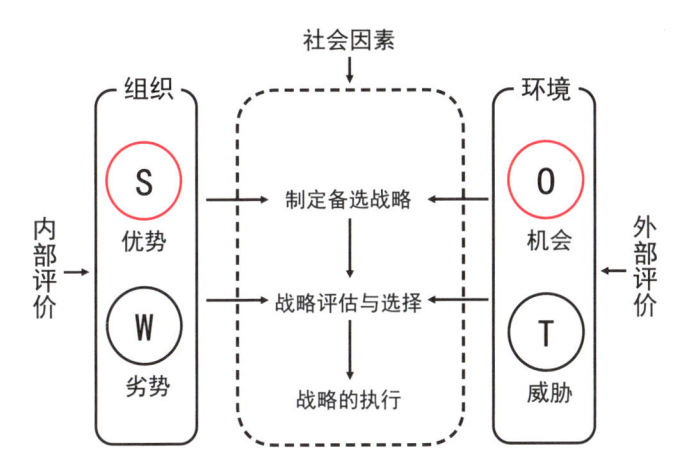

```
                          社会因素
                              ↓
    ┌─组织─┐   ┌ ─ ─ ─ ─ ─ ─ ─ ┐   ┌─环境─┐
    │      │   │                │   │      │
    │  Ⓢ  │──→│   制定备选战略  │←──│  Ⓞ  │
内部│  优势 │   │       ↓        │   │  机会 │外部
评价│      │   │   战略评估与选择│   │      │评价
  →│  Ⓦ  │──→│       ↓        │←──│  Ⓣ  │←
    │  劣势 │   │    战略的执行  │   │  威胁 │
    │      │   │                │   │      │
    └──────┘   └ ─ ─ ─ ─ ─ ─ ─ ┘   └──────┘
```

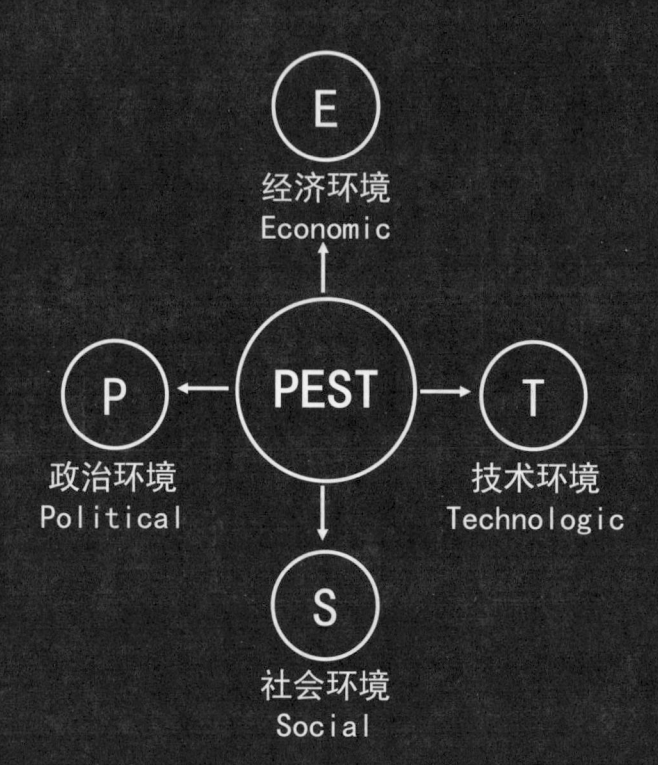

```
        E
    经济环境
    Economic


 P              PEST              T
政治环境                        技术环境
Political                      Technologic

        S
    社会环境
    Social
```

鸡肉厂：我们是一家"提供能量"的公司。

垃圾场：我们是一家"美化环境"的公司。

第二个问题是公司有没有5年计划？

如果这两个问题都能回答出来，说明真的找到了我，清晰地知道自己应该做什么。

盒马鲜生的侯毅，说过这样的一句话："所有伟大的生意，都是源自顶层设计。"

所以，设计学派对我的看法是，公司只有一个战略家，就是CEO。

CEO必须想得很清楚，有长远规划，充满远见和洞察。而且一旦找到我了，接下来就是坚决执行。

计划学派

计划学派认为，战略是程序化的过程，我是一步一步被计算计划出来的。

为了找到我，每家公司甚至还成立了专门的部门，比如集团战略部、参谋部、研究院……

然后，这些公司可厉害了，要花很多心思研发自己制定战略的模型，而且都特别复杂。

不信？我拿几个给你看看：

这些模型，都需要各种各样的数据输入，按照模型中确定的

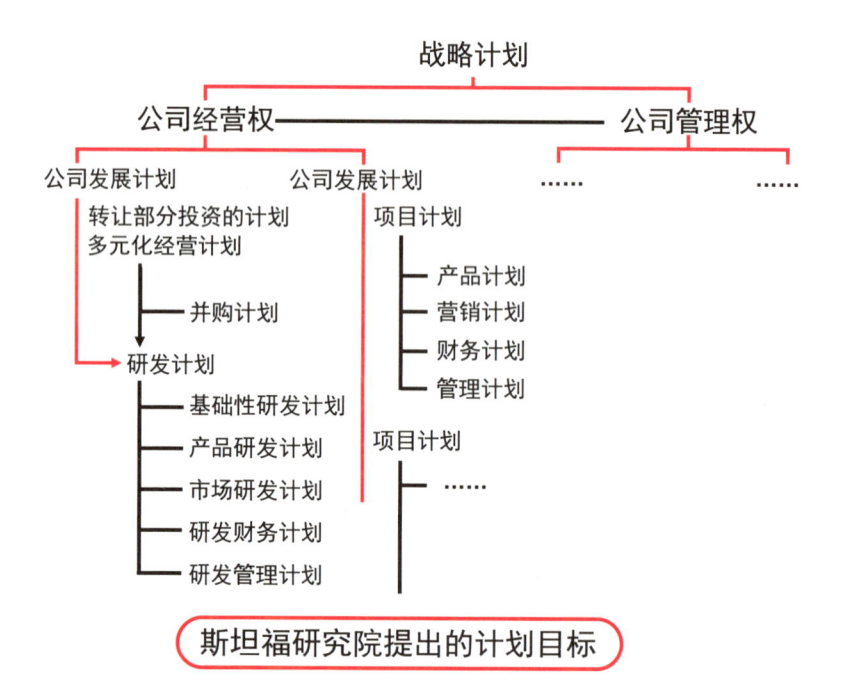

```
                          战略计划
         ┌───────────────────┴───────────────────┐
     公司经营权─────────────────────────────公司管理权
     ┌──────┴──────┐                          ┌───┴───┐
 公司发展计划    公司发展计划                  ……      ……
  转让部分投资的计划   项目计划
  多元化经营计划      ├─ 产品计划
    ↓               ├─ 营销计划
    ├─ 并购计划      ├─ 财务计划
    ↓               └─ 管理计划
    研发计划        项目计划
    ├─ 基础性研发计划  └─ ……
    ├─ 产品研发计划
    ├─ 市场研发计划
    ├─ 研发财务计划
    └─ 研发管理计划
```

斯坦福研究院提出的计划目标

流程，一步一步计划，推出需要的战略。

计划学派的做法，好处是可以释放老板的时间，让一整个部门的人寻找信息，帮忙找到我。

但是，这也是他们的问题。很多集团的战略部，往往没有能力产生真正有效的战略。

为什么呢？

因为计划学派为了找到我，往往需要三个步骤：收集数据；做出决策；监督执行。

战略部应该做和能做的，只有第一步和第三步。而最重要的第二步，必须是CEO来做。

所以计划学派想要真正找到我，最终拍板决策那一下，还是要CEO来做，需要他的责任和洞察力。

因此，计划学派的特点，是战略应该由受过良好教育的计划人员来制定，CEO批准和决策。

真正能发现我的，应该是一个可控的、自觉的正式规划过程。而且，我应该会被细化为各种各样的目标、预算、程序和经营计划。

定位学派

定位学派对我的看法是从无限选择中，确定几个可以通用的战略。

什么意思呢？

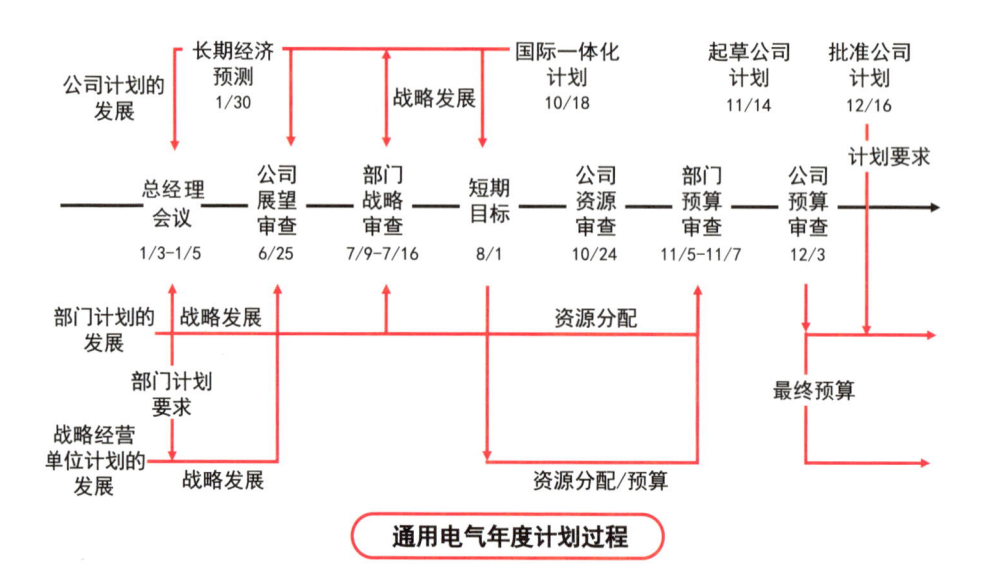

```
                    长期经济                  国际一体化         起草公司      批准公司
   公司计划的          预测                       计划              计划          计划
      发展            1/30        战略发展        10/18           11/14        12/16
                       ↓            ↕              ↓               ↓            ↓         计划要求
                                                                                           ↓
      ─── 总经理 ─── 公司 ─── 部门 ─── 短期 ─── 公司 ─── 部门 ─── 公司 ───────────────→
          会议       展望     战略     目标      资源     预算     预算
                    审查     审查             审查     审查     审查
         1/3-1/5   6/25    7/9-7/16  8/1    10/24   11/5-11/7  12/3

   部门计划的       战略发展                      资源分配
      发展           ↑                            ↑                           最终预算
                                                                                ↓
                  部门计划
                    要求
   战略经营
   单位计划的
      发展          战略发展                  资源分配/预算
```

通用电气年度计划过程

比如医生看病，100个病人，应该开出100张不同的方子才对。但是定位学派的"医生"说，世界上大多数企业的常见病，只有三种，所以有三张不同的药方就可以了。

定位学派，就是把无限的战略简化为有限的选择。

定位学派的代表，也是一位名人——迈克尔·波特。

根据波特的说法，产品一般有三种基本的打法：注重功能、注重体验、注重个性化，与其相对应的，就是成本领先战略、差异化战略和细分市场战略。

就连中国古代的《孙子兵法》，都和定位学派有相似的观点。《孙子兵法》中有这样一句话："十则围之，五则攻之，倍则分之；敌则能战之，少则能逃之，不若则能避之。"

打仗怎么打？《孙子兵法》说了六种可能性。把无限的问答题，变成有限的选择题。

但是，这也是定位学派的问题。

如果敌人是4.5倍，怎么办呢？兵法上没说啊！

定位学派认为CEO主要是战略家，设计人员是分析家。

定位学派的聚焦竞争限制了视野，也束缚了战略的创造性。

为了找到我，他们的做法很简单，但有时候也过于简单了。

功能 ── 成本领先战略　差异化战略 ── 体验

产品

细分市场战略

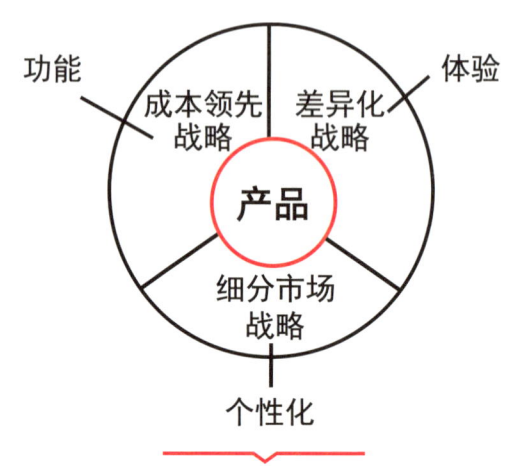

个性化

无限战略，有限选择

企业家学派

前面三个学派的共同点，都是把找到我的前提建立在确定性的基础上。

但是世界在不停地变化，怎么办？其他学派还在继续为我争吵。

接下来第四个，是企业家学派。这应该是让我觉得最有魅力和感召力的学派。

这个学派的人认为，战略的形成是一个构筑愿景的过程。他们的心中，只有一个清晰的目标，但是手上可能根本没有地图，怎么办？

冲，一直冲。

逢山开路，遇水架桥。世界上本没有路，但是走的人多了，也就成了路。

所以，企业家学派的人认为，必须有能力让大家都认同那个目标，感召大家一路向前。

比如微软：让每个人的桌面上都有一台电脑。

比如阿里：让天下没有难做的生意。

比如小米：让每个人都能享受科技的乐趣。

这些愿景和目标，听上去就令人热血沸腾，充满激情。

企业家需要立起高高的灯塔，指引员工前进，以保证当公司变得很复杂，或者环境变化让人难以捉摸时，大家都还有坚定的

认同目标
感召前行

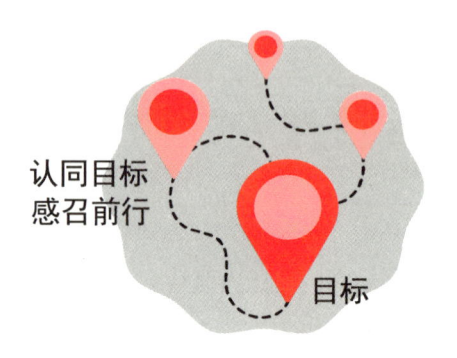

目标

战略形成是构筑愿景的过程

树立目标,感召向前

方向。

那么，什么是企业家？

企业家，是有着"轻度躁狂症"的人，带领众人实现愿景。

企业家颇具感召力和说服力，充满活力，热爱工作，可能觉还睡得少，下班后待在办公室不回家，愿意将自身所有聪明才智和雄心壮志投入毕生所爱中，并发自内心地相信自己能够改变世界。

认知学派

认知学派认为，战略是一个心智过程，是由企业家的认知水平决定的。认知水平又受限于人和环境的不确定性。

认知学派有两个代表人物。

第一个代表人物是丹尼尔·卡内曼。他提出了前景理论，获得过诺贝尔经济学奖。他认为，人是很难理性认知世界的，如果能克服非理性，我们就会比其他人拥有更加优秀的决策能力。

有哪些非理性呢？

比如迷恋小概率事件。花 2 块钱买彩票，幻想赚到 2 个亿。

大多数人总以为自己创业的成功率更高，这种盲目自信，是很多人失败的原因。

比如不懂得及时止损。股票跌破了止损线就是不卖，幻想着有朝一日涨回来，结果就被套牢了；公司已经快要倒闭了，还在

人和环境的不确定性
▼
企业家认知水平
▼
战略

战略形成是心智的过程
▼
依据认知水平，做出决策

安慰自己再坚持一会儿，最后熬到弹尽粮绝。

理性的创业者，是微笑接受死亡，然后好好准备，再来一遍。

第二个代表人物是赫伯特·西蒙，他获得了9个博士学位，也得过诺贝尔经济学奖。他提出"满意决策理论"，认为很多决策是很难基于完全信息做出来的，不用做完美的决策，满意的就行。

假如你要做一个决定，20年后看，你可能后悔，也可能庆幸，可是20年后你觉得不对或者对，是因为你有更多的信息。但当下，你不可能掌握全部信息，怎么办？

必须选一个。不用完美，满意就好。坦然选择，享受好处，接受坏处。

所以认知学派的看法，是把认知当成一种方法论。

相对于前四个学派，认知学派更加主观，认为战略就是在信息不充分的情况下，根据认知水平做出的决策。

所以，我们需要提高自己的认知水平。

一个企业家的视野，决定了一家企业的格局。

学习学派

学习学派认为，战略不过是那些已经成功的人对过去路径的总结和美化而已。认知能力、外部环境都在变化，怎么能制定战略？走一步看一步，就是战略。

蜜蜂向阳，困住

苍蝇乱撞，飞出

战略是没办法计划的

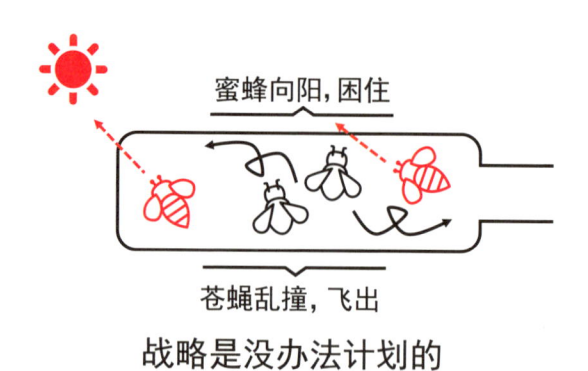

所以他们对我的看法是，战略是一个涌现的过程。

不信？如果你是领导，看看自己有没有这样的想法：要是下面这群笨蛋能理解我这完美的战略就好了。如果你是下属，看看自己有没有这样的想法：既然你这么聪明，为什么不规划出我们这群笨蛋也能执行的战略呢？

这都说明，战略是没办法计划出来的。

学习学派的人，还经常举一个例子：蜜蜂和苍蝇。

在玻璃瓶里面有一群蜜蜂和苍蝇，为了自由，它们都想要飞出这个瓶子。

问题来了，你觉得是蜜蜂还是苍蝇更容易飞出来呢？

答案是苍蝇。

为什么？

因为蜜蜂总体上是朝着太阳的方向飞，所以飞出去的概率

✗预想战略 ｜ √识别战略
▽
不断反思
▽
拔除有害种子
▽
好种子涌现&繁衍&蔓延

战略形成是涌现的过程
︶
当下做到极致，美好自然发生

很小。

但是苍蝇是没有方向的,因此无头苍蝇们更有可能飞出玻璃瓶。

然后有一天,记者采访这只苍蝇,问它是怎么飞出来的。

这只苍蝇可能会说,我滑翔飞、贴地飞,还要斜着身子45°飞,才能飞出来。甚至还总结出了"苍蝇飞出玻璃瓶的7大姿势"。

但其实这只苍蝇就是瞎飞的。

学习学派说,你看,这还不是对过去路径的美化和总结?

所以,他们说想要找到我,最好的办法就是走好每一步。

当下做到极致,美好自然发生。

关键不是预想战略,而是识别战略。然后不断反思,拔除有害的种子,让好的种子涌现、繁衍、蔓延。

乱七八糟的生机勃勃,也好过井井有条的死气沉沉。

权力学派

权力学派认为,上述学派没有考虑到利益相关者的关系,没有考虑与竞争对手、合作伙伴的关系。

不能光想自己要怎么干,还要想别人会怎么干。

权力学派对于我的看法是,战略的形成是一个协商过程。

这个世界上没有甲方乙方,掌握稀缺资源的一方,就是优势的一方。

谁在竞争格局里面占据核心位置，谁就有战略主动权。

比如都是卖冰箱的，一开始产品为王，供不应求，大家想买冰箱甚至都要批条子。

后来渠道为王，供应商最厉害，谁有最多的门店和代理商谁就有主动权。

再后来营销为王，到了新媒体时代，谁更注重传播和品牌，谁就可能占据主动权。

所以权力学派非常看重博弈的过程。

他们也常常举两个例子。

第一个例子是部署自动取款机。

早年银行为了发展业务，需要在全国大量部署自动取款机。

但是自动取款机成本高，效益又有限，还笨重，大家都想着让别人去弄，然后签个合作协议，能从其他银行的自动取款机里面取出自己银行的钱就可以了。

结果大家都不愿意去做，怎么办？最后只能合作，大家一起集中部署自动取款机，把点铺开。

这就是一个博弈和协商的过程。

第二个例子，是中国的战略性外包。

以前很多外企想进入中国市场，政府提出了要求，必须用技术换市场。

于是当时成立了很多合资公司，共享技术和知识产权。很多中国公司才有机会大力发展自己的科技。

合作联盟　　　　　**政治博弈**

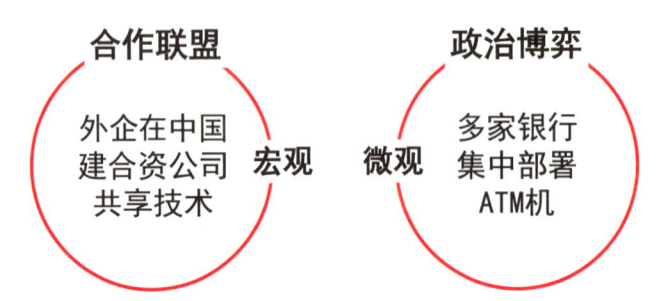

外企在中国　　　　　多家银行
建合资公司　**宏观**　**微观**　集中部署
共享技术　　　　　　ATM机

战略形成是协商的过程
掌握稀缺，获得优势

这也是博弈和协商的过程。

对于微观权力，权力学派把战略看作政治博弈；对于宏观权力，权力学派把战略看作合作联盟。

文化学派

在其他学派为我激烈争吵的时候，文化学派是最安静的。

他们认为战略的形成是一个集体思维的过程，只要企业有一个好的文化，战略会自然而然生发出来。

他们常常说一句话：文化，会把战略当作点心一样吃掉。

这句话不全对，其实应该是：战略是早餐，技术是午餐，产

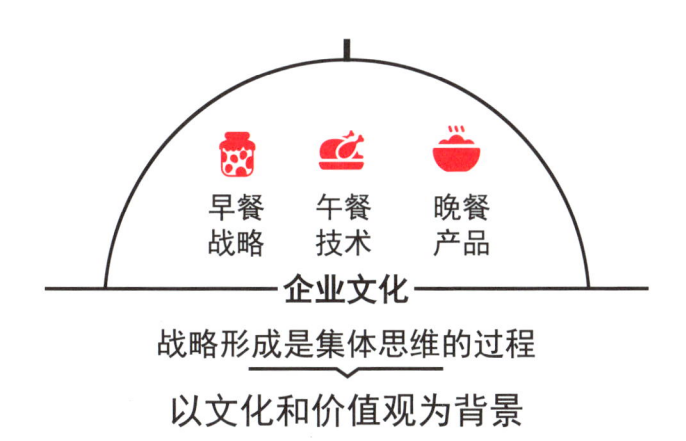

早餐 午餐 晚餐
战略 技术 产品

企业文化

战略形成是集体思维的过程

以文化和价值观为背景

品是晚餐。文化会把所有东西都吃掉。

因为文化有巨大的力量，会影响到企业的方方面面。倘若文化不对，那么就会导致所有方面都不对。

在生活中，我们讲道德，讲法律。

在企业中，我们讲价值观，讲制度流程。这些就是企业文化。

如果文化出了问题，那战略肯定就要变形。

文化学派最经常举的一个例子，是阿米巴。

很多公司趋之若鹜地学习阿米巴。可是一学就变，一变就死。

为什么？文化不对。

日本有独特的企业文化：终身雇佣制、年功序列制、内部工会制。

终身雇佣制，是企业招聘一个员工时，期待这个员工一辈子为企业服务。企业保障不裁人，即使亏钱也不裁人，企业给员工再培训后转岗也不会裁员。

年功序列制，是工资不是按照员工的贡献来发放，而是按照在企业工作的年限来发放。也就是说，按照资历发放工资。

内部工会制，是把工会放在公司里面，和西方工会不同，日本的工会和企业不是对立关系，员工和企业更像朋友关系、家人关系。

而阿米巴，是把公司拆成一个个独立财务核算的经营体，这样公司就从原来的部门合作关系变成了交易关系。

这是内部市场化的逻辑，每个人都能知道自己对于企业贡献的大小。

那么自然而然人们就有这样的想法：我的收入应该和我的贡献值挂钩。

但是这和年功序列制冲突了。

怎么办？

稻盛和夫选择了一个非常有趣的办法：敬天爱人。

"敬天爱人"的意思是说，员工创造的价值和贡献是为集体贡献的。

如果一个人创造的价值大、贡献高，那么就会得到精神上的奖励，而不是物质方面的酬劳。

1984年，在京瓷25周年纪念的时候，稻盛和夫把自己所有的股票都送给了员工。这就意味着稻盛和夫是不持有京瓷股份的。后来稻盛和夫主掌日航的时候，更是0薪水。

所以稻盛和夫是真的相信敬天爱人，也是这样要求自己的。

如果一定要学习阿米巴，首先要学稻盛和夫的敬天爱人。

你要问问自己，是否会把所有股份都给员工？是否能接受这样的文化？否则，是学不来阿米巴的。

文化学派认为，很多战略和制度，是以文化和价值观为背景的。

一种无法被复制和难以被理解的组织文化，恰恰是该组织战略优势的最佳保护者。

环境学派

环境学派认为战略的形成是适应性的过程。

什么意思？

环境学派特别推崇一个人——达尔文，他们相信"物竞天择"。

企业真的知道什么是战略吗？成功真的是因为找对战略了吗？不一定吧。

这些活下来的企业，可能就是运气好。蚂蚁雄兵，总有能活下来的。

成功可能是因为远见，但更可能只是运气。

是企业在"物竞"，是战略最终在"天择"。

环境学派的看法，也是有前提的。

什么前提？

当环境高速变化，甚至是发生颠覆性变化时，用"物竞天择"的方法可能更合适。

具体的做法，就是"生儿育女"，比如海尔的转型。

海尔推行"小微企业"制度，把7万人的庞大组织，去掉1万~2万人后，分解成2000多个小的生命体。每个小微企业，都有自己独立的三张财务报表，开始为自己创业。

然后，海尔通过创业平台海创汇给这些小微企业浇水施肥。海创汇有价值几千万的3D打印设备，帮助小微企业设计模具；

企业在"物竞"
战略在"天择"

战略形成是适应性的过程
────▽────
战略选择了你

有创客学院提供管理、融资等培训；还有13亿的资金，投资好的苗子；好的苗子，还能进入加速器，加速成长。

那些脱颖而出的小微企业，如果和海尔整体规划相关性较弱，海尔就占小股，收获投资收益；如果和海尔整体方向一致，海尔就占大股，收获公司未来。

小微企业的模式，让海尔收获了雷神笔记本电脑、iSee迷你投影机、咕咚手持洗衣机等一系列项目。

海尔的做法，就是环境学派推崇的方式。

环境学派的观点，是把环境看作一类外在的模糊力量。看不清怎么决策，就自生自灭，物竞天择。

结构学派

结构学派认为战略的形成是一个变革的过程。

在每一个时间点，都应该有不同的战略，把时间轴加入思考当中。

没有先进的战略，只有合适的战略。

⊗ 没有先进的战略 ✓ 只有合适的战略

战略形成是变革的过程

时间不同,战略不同

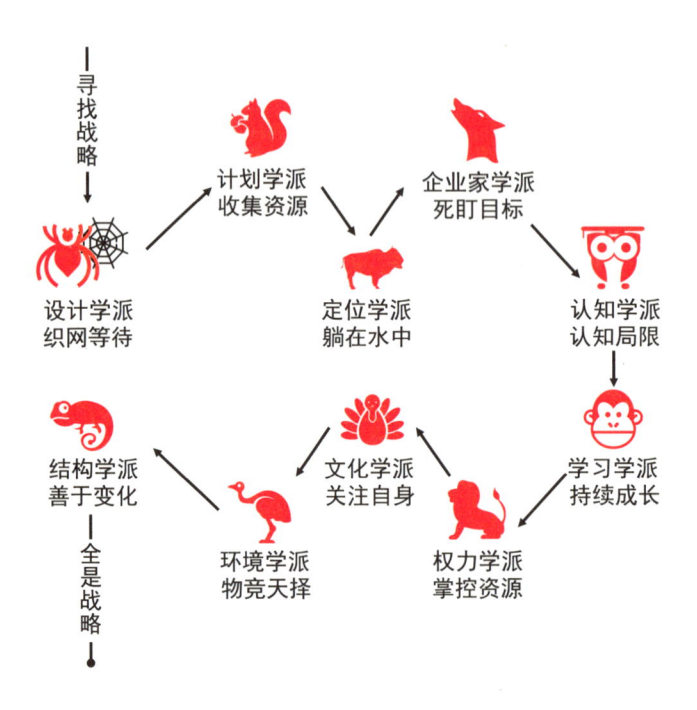

```
          ┌─寻找战略─┐
                    计划学派              企业家学派
                    收集资源              死盯目标
         设计学派         定位学派         认知学派
         织网等待         躺在水中         认知局限

  结构学派         文化学派         学习学派
  善于变化         关注自身         持续成长
              环境学派         权力学派
              物竞天择         掌控资源
   └─全是战略─┘
```

结语　　　　　　　　　　　　CONCLUSION

以上，就是为我吵得不可开交的十大学派。

人们都说，战略是一头大象。为了找到我，大家费了很多心思，做了很多努力走进森林，想要找到我这头大象。

人们看见了设计学派的蜘蛛。蜘蛛正在专心编织自己的网，等待着飞虫落下来。

继续往前走，人们看见了计划学派的松鼠。松鼠在树间跑来跑去，收集资源，为未来的日子做打算。

然后，人们又看见了定位学派的水牛。水牛稳稳躺在水里，它在森林这么多选择中，找到了自己的位置。

还没有找到大象，继续往前走，接着发现树丛中藏着企业家学派的狼群。狼群死死盯着目标，绝不放弃。

人们一抬头，又看见树上蹲着一只认知学派的猫头鹰。猫头鹰把一切看在眼里，说你们这些无知的动物，受认知和眼界所限，你们看到的都是幻象。

人们继续往前走，发现一群学习学派的猴子。猴子们嬉戏玩闹，模仿学习对方的动作，一步一步成长。

大象在哪里？

继续往前走，看见几头权力学派的狮子。狮子们正在想，等会儿抓到的猎物，应该怎么分呢？

而在狮子的不远处，是文化学派的孔雀。孔雀与世无争，从未转移过焦点，只关心自己是不是漂亮。

再往前走，人们发现了环境学派的鸵鸟。鸵鸟的心态，是相信世界会选择最合适的动物活下来。

最后，人们看见了一只结构学派的变色龙。变色龙善于变化，能表现出不同的形态。

人们穿越了森林，见到了各种各样的动物，却没有找到我，没有找到那头战略的大象。

大象在哪里？

森林里面，没有大象。整片森林，就是战略的大象。

每一种动物，每一个学派，都是一种战略的方向。

希望你能成为自己企业的医生，找到最合适的战略，让我能更好地为你服务。

REPLAY
➡ **复盘时刻**

1 华为说:"不在非战略机会点上消耗战略性资源。"

2 所有你以为的"突然出现式"的成功,背后都有其环环相扣的"增强回路"。

3 真实的世界,到底是什么样子?无法预测的不确定性,风险的可累积性,结果的赢家通吃性。

4 如果你知道自己会死在什么地方,那么一辈子都别去那里。成功的人各有各的路径,但是失败的人死法都大致相同。

5 什么是定位?你为什么客户提供什么价值,这就是定位。

6 商业的本质，是交易。模式的本质，是结构。商业模式，就是利益相关者的交易结构。

7 当下做到极致，美好自然发生。

8 关键不是预想战略，而是识别战略。然后不断反思，拔除有害的种子，让好的种子涌现、繁衍、蔓延。

9 在每一个时间点，都应该有不同的战略，把时间轴加入思考当中。

10 战略，不是选择做什么，而是选择不做什么。

后记　七年

一

很多年前，我和我的行李被从北京的一个乡下寄到了上海的另一个乡下，开始和一个叫郭刚的男人（现在这个人每天工作时间只有我的四分之一，收入是我的四倍），住在一个没有空调、没有电视的两居室。我以前的老板在他偌大的办公室里指着窗外说："你看，北京多有空间感，上海很挤，不适合你的发展。"

的确是这样，很挤。在北京上班的时候，我每天要从高速公路进北京，每天看到"北京欢迎您"（后来成了奥运口号），再换地铁，到那个以张朝阳名字命名的区去上班，真的很有空间感，至少有距离感。到了上海，我开始从原来的1号线终点站搭地铁，被保安推进车厢，保安吹着口哨招呼赶紧关门。门关上了，他深深舒了一口气，我开始深深吸气：真挤。

从地铁10号口走出来，融进另一群人，接过门口散发的免费咖啡、免费饼干、免费报纸、免费洗发水（就是分量太少），躲过各种"免费"传单、"免费"机票打折卡、"免费"会员卡，闪躲到一栋红色的大楼前，冲进去，蔚为壮观地排起长队等电梯。电梯门"叮"的一声打开，终于到了。微软，我来上海的原因。

找到陆华（现在我们是朋友），说："我来上班了。"1999年12月22日，陆华说："啊？你这就来上班了啊？"虽然她表现得很镇定，但我确实能看出来她没有料到我怎么这么快就来了。那个时候我才知道，上班是要预约的。这个日子很特别，也很有纪念意义。我上网查了一下，想看看这一天还有什么神奇的事情发生。果然，查到了，这一天是微软股价有史以来的最高点，自我来了以后，好像再也没有逾越这个点。唉，有点儿愧疚。

我和郭刚读同一所大学，毕业后都在北京混迹于同一家公司，到了上海又住在一个屋檐下，导致我们的习惯都很相似。郭刚想吃肉的时候就会买一块大排回来，烧水，漠然地把大排扔到水里，随便蘸点儿什么就吃了，心中有肉，就会满口留香。我想吃肉了，就会买只鸡回来，扔进盐水里煮一煮，随便拿什么装出来，吃了。冬天吃肉，还很惬意。

可是上海的冬天好冷，我们住的地方没有空调，冷得直跺脚。我灵机一动，为什么不去加班呢？电脑多温暖！为了取暖，我养成了加班的恶习。天哪！办公室里还有不少人。难道都怕冷吗？家里都没有空调？外面那么好玩不出去，都没有女朋友吗？是啊，马上就要进入21世纪了，外面的人都疯狂而理智地进行着狂欢。银行自动取款机三天两头停止使用而进行检验，听说不少公司把时钟往后拨了50年，还有不少妈妈期待着千禧年0时0分0秒产下龙子。

那一刻,时钟跨过 2000 年的第一秒,你在哪里?

二

那一刻,我在办公室。

周围的人神色紧张,如临大敌状。干吗呢这是?他们这样好多天了。听说好像因为有一条 1000 岁的虫要来串门,超市里"雷达"牌杀虫剂因此脱销。还听说银行的账户可能会错乱,我赶紧闭上眼睛祈祷:要乱,请务必乱在我的账户上,请乱得更猛烈些吧。

还没到 12 点,电梯已经停运,预防发生事故,公司租用了发电机,以防万一,我师傅他们担心上海全军覆没,和一支"特种部队"战略转移到北京,准备在万不得已的状况下,接管上海的工作。微软 7000 名员工严阵以待……居然,居然,最后啥事也没有,谁也没来!我倒是听了 6 次不同语言的新年倒计时,欢庆了 6 次新世纪的到来。

新世纪新气象,要做点儿大事。但干啥呢?不知道干啥就好好工作呗。我抢着把一个摩托罗拉 L2000 手机别在腰上,就是那个传说中的 L2000。哪个传说中的 L2000?我讲个故事你就知道了。那个时候,移动、联通都还没有覆盖上海地铁(今天他们连珠穆朗玛峰都不放过)。"我进地铁了。"一个男人的声音,来自另一个 L2000。一会儿，电话再次响起："我出来了。"两个 L2000 必须经常汇报位置，不能同时在地铁里，要随时等待客户的电话。只要电话里蹦出一个英文单词，我会条件反射地高举左手，在空中大力挥舞，做出最显然的打车状，要出发了。直到后来的一两年，只要听到 L2000 的手机铃声，我就会浑身颤抖，手脚无力。从此，再也没有用过摩托罗拉的手机。

那段时间，我贴满签证的护照一直不在我身边。只要我的任何一张签证快要过期，公司就会自动帮我办一张新的。我可以在任何时候立刻起飞，在接到指令的几个小时内出现在目的地。

最幸福的莫过于联合利华就在我们楼下了。工程师眼神迷离地听说那里的女孩很多，她们也听说微软的男孩子很好。一拍即合，那就搞一次联谊活动吧。两公司的 HR 风光地组织了一次，然后回来兴奋地盘点战果。微软工程师真不争气，一个联合利华的女员工都没搞定，居然还被联合利华俘虏了一个本就稀缺的女生。

要不怎么说历史总是惊人地相似呢。后来听说这样的人间惨剧还发生在了 IBM 和宝洁的身上，老怀总算可以安慰。

三

2000—2001 年是最拼命的一段时间。第一次连续 55 小时工作不合眼，第一次用睡袋睡在会议室，第一次身怀 3 个手机，第一次……

业余时间，没什么爱好，就是喜欢逛超市，几近偏执，尤其是对价格的换算深深着迷（好吧，这和我是数学系毕业的有些关系）。当我看到一管160克的牙膏12.1元，一管110克的牙膏8.8元的时候，我就兴奋，有挑战，呵呵，开始启动默认算法，哪个更便宜。超市有时打包110克+80克的牙膏，价格更优惠，有挑战，启用升级算法！有时160克的牙膏再加送漱口杯，有挑战，没关系，算法套算法。有时超市还能消费满100元就参加抽奖，接着算，再套再算，再算再套。

直到有一次，我看到一块多芬的香皂，我的生活彻底被改变了。那块改变我命运的多芬香皂标价4元钱，而旁边3块多芬香皂绑在一起的促销装却要14元。我怎么也想不通，怎么促销装会更贵呢？于是算法陷入死循环，内存溢出，脑袋开始越来越热，最后，崩溃了。清醒过来后，我义愤填膺地打电话给多芬的产品经理（这个经理是我的朋友），激动地投诉："你们怎么可以没有逻辑到这种地步！"

为了避免这样的事情再次发生，为了更好地生活，再也不用如此精打细算，我要更努力地工作。有一天公司叫我上台领一块玻璃，我拿着这块玻璃，无限感慨地说："玻璃啊，我等了好久……"老板一听，噢，原来等了很久。很快地，我的头衔前面被加了一个"资深"，又很快地，把"资深"拿掉，改为项目主管，再后来，我被叫进一个人的办公室。

这个人叫华宏伟，人称华老板。2001 年夏天，他说："我们要做一个社区，你帮我去研究研究吧。"接到敬仰的人物交代的艰巨任务，我激动而踌躇满志。我找了不少网站合作，还特别邀请了一位记者到上海来和我们讨论讨论，给些建议。这个记者临行前在论坛里写道："微软邀请我去上海谈合作，大家看看我要怎么谈？"后来我们也成了朋友。他还送了我们一人一本他的新书，叫《数字英雄 2.0》。我们在一个论坛里开了个专区，这个论坛有一本杂志很出名，叫《程序员》。后来我们这个社区认证了第一批最有价值的专家，其中一位如今和我是好朋友，他做了一个网站，叫"博客堂"。

接着开始共事的，不少都是后来叱咤互联网风云的数字英雄。

四

其中之一就是老王。

华老板想做培训，于是他让老王写"开发管理"，我写"项目管理"的课程。"为什么所有饮水机的热水按钮都在左边？"老王镇定自若地微笑。他蓦地踮着脚，果断地把整只右臂上举到极限位置，极有感染力地示范鼓励大家踊跃举手发言。老王，学名王建硕。看看，看看，人家的段子多么贴近生活、多么富有哲学意味。比我说得好。我演讲的时候举的例子都是"在我的世界观里只有两种东西：可以吃的、不可吃的"。羞愧，羞愧。

我受华老板影响很深。他说：人最大的敌人是胆小、懒惰。那不是弃咱中华民族传统美德勤劳、勇敢于不顾吗？丢不起这人！得赶紧开始抓紧学习了！2002年我没日没夜地学习管理，做项目，实践，然后悄悄地参加了一门考试。我拿着证书给华老板看：我不懒，现在我是PMP了。PMP俗称拍马屁，学名项目管理专家。接着我把我写的课程送到了美国"拍马屁"总部。他们一看，不错不错，我可以授权给你，以后听了你的课，就可以参加我们的考试，寻求美国"拍马屁"证书了。

接着，我开始做部门主管，那个被吃了之后都不会有人发现的职位。郭刚开始做技术主管。一切似乎都很顺利，我的自信心极度高涨，开始非常危险地觉得自己很了不起，游刃有余。直到有一天……郭刚和我说，他辞职了。

我非常非常惊讶："你做得那么好，在微软做技术主管，前途无量啊。"他说了一句话，让我之后几年一直铭记于心："是不错。但如果我这一生一定要发生一些改变，我希望是发生在30岁之前。"

他真的走了。我开始思考。我开始胆战心惊地发现，原来自己是那么微不足道。一身冷汗。后来我开始写博客的时候，我的博客就叫"我的思考，我的博客"。

五

那么，我的 30 岁应该是怎样的？我还有梦想吗？

于是，我趁做梦的时候开始想。梦里我模模糊糊地想出了一片蓝天，想出了几朵白云，白云下面依稀是草地，草地旁边依稀是校园。我猜想，我梦中的这个校园，大概应该叫作哈佛。我重新燃起了斗志，浑身再次充满力量。

新东方老师告诉我，对我来说申请哈佛最好的方法，就是到美国微软工作。因为当地的 GMAT 较容易，美国微软的资历更有帮助，还有可能不占用哈佛全球招生的有限名额。我当时心里先一热再一凉，这个老师，看来比我还会做梦。

但无论如何，先从英语开始练习吧。我的工作需要我每周五听 2 小时香港英语，每周共 3 小时印度英语，每周四 2 个小时的全球英语，还有全天候的中国英语，配以零星的韩国英语和日本英语。终于有一天，我躺在 One True Tree 下休息时做了一个梦，梦中我用英语和一个美国律师激烈地争论我有没有偷超市的鸡蛋。醒来后，我的任督二脉被打通，练出了一套只要对方一张嘴说英语，我几乎就知道他是哪国人的本领。

一天，美国老板突然略过我的直属上司，和我预约了一个私人会议。随便寒暄了点儿什么之后，我们就都沉默了。他说："润，到西雅图来吧，管理我的一个重要团队。"

第二天，虽然离做出最终决定只有 0.01 秒，"Yes"已经在喉，我的心已经狂跳不止，我的手心已经出汗，但是电话这头的我，最终还是只说了一句："请让我考虑考虑。"这句话说完之后，我立刻、完全失去了对哈佛的兴趣。那梦中的白云下面，草地旁边，原来神秘的校园，对我没有一点儿诱惑。

不少人说我不是一般的傻，我至今也没有完全想清楚这到底是为什么。最后我留在了中国。但我内心从来没有这样安详过，对自己的选择充满幸福感，似乎是冥冥之中的安排。

谢昉说："那就对了，把自己交给主来管理。"我说："主存在吗？"他说："我相信是存在的。"我说："Show me something unbelievable,then I will believe it."虽然最后在这一点上我们尚没有达成共识，但是我从他身上学到了一种优秀的品质：帮助别人。

六

惊闻一位美女要到微软来做宣讲，招募志愿者，我第一时间抢到了"沙发"。来的这位美女叫作 Isa（名字怎么这么亲切呢？好像在哪里听过），这家组织叫作"国际青年成就"。美女说得真好："Let their success be your inspiration."这让我想起西方心理学大师马斯洛也说过，人一旦吃饱了，就会撑，接着呢，就应该做点儿让自己有安全感、有归属感、有荣耀感的事情，最后把自己给实现了。

10月23日,第一次参加国际青年成就的活动。

我对Isa说,活动很棒,但我不是很喜欢"成功技巧"这个题目。成功没有技巧。于是我请开复帮忙,用他的一些内容,在原有的课程上加了一章"成功是成为最好的你自己"(后来成了开复新书的书名)。这门课改名为"事业启航"。开复颇有感慨:他1977年作为学生在美国参加国际青年成就课程时,学会了如何成为一个独立的思考者,对自己的命运负责。今天中国的学生有同样的机会,真令人高兴。希望这样的课程可以像当年帮助了他的职业和生活一样,帮助今天中国的学生。

管多少人,赚多少钱,出多大名,算是成功?我似乎开始慢慢明白,自己为什么没有去美国。是啊,成功是成为最好的你自己。

"嗨,我有一个想法。"半夜,我打电话给谢昉,激动地说,"我想做一个公益网站。当一个人受到上帝眷顾的时候,我们当分享这份幸运。我们可以捐献时间。"

接下来的五个月里,我和上百个人讨论这个"捐献时间"的想法。很多人委婉地说:"最大的公益就是干好自己的活儿。"(画外音:做你自己的事吧,别整这些没用的。)"我要是有你那么多时间可以捐献就好了。"(画外音:你就是闲得慌。)"你找谁来捐点儿时间给我吧。"(画外音:我帮自己还帮不过来呢,你脑子坏掉了?)也有很多人比我更加激动:"太棒了,这就是我一直想做的。""时间本身无所谓意义。做有意义的事情,时间才有意义。""被需要的感觉真好。"我们的网站logo是志愿者设计的，网站是志愿者开发的，首页的美女代言人是志愿者，照片也是志愿者拍摄的。"捐献时间，分享快乐"这个标题，也是志愿者决定的……

10月23日，"捐献时间，分享快乐"正式发布。我从来没有在这么短的时间里，不为功利地认识这么多人。

我一边在微软尽心尽力管理我的几摊区域业务和二三十个人，一边在复旦刻苦读着工商管理硕士提升教育背景，一边在上海商学院偶尔履行特聘讲师的职责抽空授课，一边利用周末在国际青年成就承担志愿者委员会委员工作，一边细心经营"捐献时间"和20位志同道合者实现梦想，一边要保留一些宝贵的时间给自己的亲人和朋友。

非常忙，但是充实。郭刚的那句话一直在我耳边回响，直到那一天，我再次接到了一个意想不到的电话……

七

"润，来市场部帮我吧。"Z说。

有人用名诱惑我（亿万资产公司常务VP），有人用利诱惑我（七位数的年薪），有人用权诱惑我（数百人的团队），就是没有人用过美人计（不能不说是人生一大缺憾啊）。而Z的条件与以上都不同，比较特别。

（1）你需要从办公室搬出来，和所有人一样坐在格子间里；

（2）你不会再有自己的团队，从此只管理你自己一人；

（3）你的薪水根据业绩来定，可能会比原来低，可能会比原来高，也可能会和原来持平。

"但是，我给你你梦寐以求的空间。"

历史总是惊人地相似。七年前我加入微软的时候，我宁可接受对我来说倒退三年的薪水，以换取一个心目中更大的空间感，那个我以前老板认为只有北京才有的空间感。今天我坚信，我当时是明智的。七年后，我再次面临同样的选择。

我说："请让我考虑考虑。"我想听听朋友们的建议。"什么？你不会真的要去吧？"大多数人都是这个反应。"不错啊，微软的高级经理，多体面啊！"也有人说。但大家都问："你到底想要什么？"

"能令我重新激动的新挑战。"我说。越是深入了解，我就越是被这个新挑战所诱惑、所倾倒，前所未有。"我要有这样的勇气，面对所渴望的变化。"

我做出了选择。是时，我29.5岁。

从此，我的生活变得很"规律"：白天拼命和人说话，晚上奋笔写信回信；登机就看书学习，上车就电话会议；听音乐基本是每周日8点"最爱情歌榜"，吃水果基本在工作日8点喜来登餐厅；平均每周坐4次飞机，最多一天出现在4个城市；参观最多的是全国各大机场，贡献最大的是给中国移动通信。

2005年，因为非商业目的我认识了非常多的公益精英；2006

年，又因为业务认识了非常多的商业伙伴。朋友们教会我的，必将是我一生都受用不尽的真正财富。

七年，这才开始。

在一个只要 20 分钟就可以散步整整一圈的小岛上，我住了 7 天。这个小岛椰林树影密布，水清沙白。SHE 很喜欢这里的寄居蟹和水上飞机。这个小岛及其周围群岛所属的国家，叫作马尔代夫。

在马尔代夫，我碰到了正好来度假的郭刚和郭夫人。望着美丽的夕阳，坐在水上别墅的露台上，我问郭刚："你还记不记得，你离开微软的时候，对我说过什么？"

他很诧异："我有说过什么吗？完全不记得了。我都说了什么？"我笑笑。夕阳落下，是为了另一个升起；停一停，是为了让灵魂能够跟上脚步。然后，出发。

© 民主与建设出版社，2023

图书在版编目（CIP）数据

胜算 / 刘润著. -- 北京：民主与建设出版社，2023.3
ISBN 978-7-5139-4127-3

Ⅰ.①胜… Ⅱ.①刘… Ⅲ.①人生哲学－研究 Ⅳ.①B821

中国国家版本馆CIP数据核字（2023）第042179号

胜算
SHENGSUAN

著　　者	刘　润
责任编辑	刘　芳
封面设计	艾　藤　王雪纯
出版发行	民主与建设出版社有限责任公司
电　　话	（010）59417747　59419778
社　　址	北京市海淀区西三环中路 10 号望海楼 E 座 7 层
邮　　编	100142
印　　刷	嘉业印刷（天津）有限公司
版　　次	2023 年 3 月第 1 版
印　　次	2023 年 4 月第 1 次印刷
开　　本	880mm×1230mm　1/32
印　　张	13.875
字　　数	274千字
书　　号	ISBN 978-7-5139-4127-3
定　　价	78.00 元

注：如有印、装质量问题，请与出版社联系。